寂静的春天

［美］蕾切尔·卡森◎著

韩　正◎译

U0222264

语文
教材配套阅读
八年级上

人民教育出版社
·北京·

图书在版编目（CIP）数据

寂静的春天 /（美）蕾切尔·卡森著；韩正译.—北京：人民教育出版社，2017.8
（2023.6重印）

（名著阅读课程化丛书）

ISBN 978-7-107-32145-0

Ⅰ.①寂… Ⅱ.①蕾… ②韩… Ⅲ.①环境保护—普及读物 Ⅳ.①X-49

中国版本图书馆CIP数据核字（2017）第231528号

寂静的春天

责任编辑 刘真福

装帧设计 胡素芬

出版发行 人民教育出版社

（北京市海淀区中关村南大街 17 号院 1 号楼 邮编：100081）

网 址	http://www.pep.com.cn	
经 销	全国新华书店	
印 刷	北京盛通印刷股份有限公司	
版 次	2017 年 8 月第 1 版	
印 次	2023 年 6 月第 22 次印刷	
开 本	787 毫米 ×1 092 毫米 1/16	
印 张	15	
字 数	231 千字	
定 价	29.80 元	

编 委 会

主　任

黄　强　　韦志榕

成　员（以姓氏笔画为序）

王　涧　　王方鸣　　王本华　　尤　炜　　冯善亮

朱于国　　安　奇　　李　俏　　李卫东　　杨文忠

何立新　　张　妍　　张伟忠　　张豪林　　易海华

袁　源　　贾　玲　　贾天仓　　顾之川　　蒋红森

主　编

温儒敏　　王本华

编写人员（以姓氏笔画为序）

王　璐　　刘　勇　　周　琳

走近名著

　　清晨起床，你剥一颗滑嫩的鸡蛋，喝一杯温热的牛奶，一只蟑螂在脚边匆匆而过，你拿起灭虫喷雾朝着它喷射，毫不留情，蟑螂奄奄一息，你得意自足，美好的一天开始了。

　　这一天真的美好吗？你可曾想过自己每天吃的鸡蛋、喝的牛奶中可能残留有化学添加剂，你轻轻一喷杀灭了蟑螂，也有可能给自己铺就了一条慢性中毒的道路。你也许会感到疑惑，鸡蛋、牛奶中的化学添加剂从何而来？慢性中毒又从何说起？让我们顺着蕾切尔·卡森的指引，翻开《寂静的春天》，去探寻这一切背后的真相。

　　《寂静的春天》1962年正式出版，是世界环境保护事业的肇始。作者蕾切尔·卡森在书中论述了以DDT为代表的一系列化学药剂对环境的危害。书中第一章以一种假设，为人们呈现了一个毫无生气、处处充满着死亡气息的小镇。触目惊心的画面不禁使人产生这样的疑问：原来那个充满鸟语花香的小镇去哪里了？是什么剥夺了无数城镇春天的声音？

　　在随后的章节中，蕾切尔·卡森用大量的实例和触目惊心的数据向我们一一展示杀虫剂等化学药剂的危害。这些化学药剂，或直接、或间接地影响着我们的生活。更令人忧心的是，大多数人并未意识到这种潜在的危害。卡森在文中谈到，某些化学药剂可以通过食物这一链条，由一个机体传至另一个机体，其影响范围之广，有时是我们人类所无法预料的。以DDT为例，干草最初含有百万分之七至百万分之八的DDT残余，而经过奶牛吃草产奶，牛奶又制成黄油，这一系列的浓缩与转移后，黄油里DDT含量已经增至百万分之你是否试想过，如果人类长期食用这样的黄油，后果会怎样？

当然这些化学药剂的危害还远远不止如此，它们同时污染着我们的地表水和地下海，让鸟儿无法歌唱，失去生育能力，让自然生态系统失去平衡。作者在书中说道："在大多数主要的水系甚至那些我们看不到的地下水里，都检测到了药物残留。十多年前所使用的化学药物依旧会残留在土壤中。"

化学药剂的危害是一个长期的过程，需要有超出时代的远见才能窥见其长远的威胁，在当时的社会环境下，蕾切尔·卡森以严谨的科学态度和深邃的洞见，在《寂静的春天》中以大量的事实和科学知识为依据，揭示了滥用杀虫剂等化学药剂所造成的全球性环境污染和严重的生态危机，是人类从"征服自然"到"保护自然"的意识觉醒，是开创生态学新纪元的标志。美国前副总统阿尔·戈尔这样评价《寂静的春天》："无疑，《寂静的春天》的影响可以与《汤姆叔叔的小屋》媲美。这两本珍贵的书都改变了我们的社会。"

《寂静的春天》没有跌宕起伏的故事情节，没有真实可触的人物形象。但当你静下心来，耐着性子把它读完，或许你会眉头紧锁，为那些无辜逝去的生命感到痛惜，或许你会惊觉大自然正以一种让我们不得不重视的姿态朝我们走来！或许你会质问自己：我到底能为环境做些什么？

当然不同的你，或许会给出很多不一样的答案，那么现在就让我们一起郑重地翻开《寂静的春天》，感受文字背后所传达的深切关怀。

阅读建议

一、阅读规划

全书共十七章，建议用六周时间完成整本书的阅读。前三周通读全书，剩下三周做读后整理和活动呈现。为保持阅读的连续性与完整性，时间可大致安排如下。

前三周　每周约完成六章阅读，对整本书有一个大致的了解。

前三周　通读全书

第一周：阅读第一到六章

第二周：阅读第七到十一章

第三周：阅读第十二到十七章

通读时，建议完成以下三件事。

1. 随手做一些圈点勾画。可依自己的习惯在重点或关键语句、精彩语句、有疑问处、深有体会处等，做出不同的标记。如可以用"一疑二好三关键"的方法勾画疑难处、好词佳句、关键语段等。

2. 每读完一章，停下来思索一下，简要概括内容。可按照"一理解、二归纳、三辨析、四感悟"的形式进行：

（1）理解作者观点。

（2）归纳事例。

（3）辨析事例与观点之间的联系。

（4）"我"的感悟。

3.按照阅读进度完成相应的思考练习，测评自己的阅读效果。

第四周　根据自己前几周的阅读经验，回忆每一章的内容，围绕自己感兴趣的专题，选择部分章节进行精读。

第四周　精读部分章节

周一：精读已经做好批注的第二章、第十章，边读边思考这些批注给你的启发，看看是否进一步增强了你对内容的理解，同时归纳出一些做批注的方法和技巧。

周二、三：精读第三章、第九章，并完成批注。思考：第三章为什么以"死神的灵药"为题？在第九章中，什么样的河流被称为"死亡之河"？它会给生存在其中的鱼类带来怎样的灾难？

周四、五：精读第十一章、第十七章，并完成批注。思考：无数次与化学药剂进行小规模的接触会给我们带来怎样无法想象的后果？在文中，作者告诉了我们哪些改变的方法？试着做一个简要的归纳。

周六、日：根据自己的兴趣，再泛读全书。

第五周　围绕感兴趣的专题，分小组进行阅读、交流。

第五周　专题阅读

专题一：化学药剂的影响

专题二：诗意语言的浅析

专题三：对当今环境问题的启示

专题四：本书对我国农药发展的影响

可依下列步骤完成专题阅读：

1.第一、二天，围绕小组选定的专题，选取相关章节进行精读。

精读时注意梳理相关内容，记下自己的思考。

2. 第三、四天，小组分享阅读感受，或提出存在的疑问，与大家交流。取长补短，提出进一步阅读的目标。

3. 第五、六天，围绕疑问或上一次的阅读目标，再次交流，并讨论小组阅读成果的最终展示方式，做出分工，分头准备。展示方式可以多种多样，不拘一格，一定要把精彩的阅读成果展示给大家。

4. 第七天：为成果展示做准备。围绕要展示的成果，可以找一些相关的文章或材料来读一读，加深理解和认识。

示例：

（1）以DDT为代表的化学药剂带来的影响为主线梳理内容。形式可丰富多样，如文字说明、思维导图、章节概括等。

（2）诗意语言的浅析。

作品中不仅有精确的数据，也有大量诗情画意的描写和恰切的比喻。比如第一章中"秋日到来的时候，橡树、枫树以及白桦树穿过由松树围成的屏风，摇曳着身姿，闪烁着如火焰般的光彩"，又如将化学药物比作"死神的灵药"，显示了作者高超的文学才能。这样的地方在文中还有很多，用你发现的眼光去找一找。

（3）对当今环境问题的启示。

《寂静的春天》不仅仅影响了当代人的环境意识，让世界开启了环保时代，也带给我们对当下环境的更多思考。比如人与自然的和谐相处；当代人不应该剥夺后代人的生态权益；在关注当代人发展的同时，也应当关注可持续发展。角度可以多种多样。

（4）本书对我国农药发展的影响。

本书介绍了美国的农药使用情况，那么我国的使用情况又如何呢？《寂静的春天》出版后，又给我国的农药使用带来了怎样的影响呢？可采用多种多样的形式，比如可以小论文的形式展现我国农药使用的变化情况。

第六周　成果展示。

二、阅读策略

（一）采用一般科普文的阅读方法

在阅读时，只有制订与文本特点相匹配的阅读方法，才能事半功倍。针对《寂静的春天》的特点，我们可以做如下规划。

1. 建议在阅读前，先看关于作者蕾切尔·卡森的传记《蕾切尔·卡森》以及本书的资料链接，了解作者生平事迹、创作背景和科学历程，为阅读本书做准备。这样我们在阅读时，就能有的放矢，抓住关键，合理安排自己的阅读时间和阅读重点。

2. 本书涉及一些专业的生化知识、概念、术语，在阅读时有一定的难度，所以需要借助相关的资料和工具书。在阅读时，可以列一个表格，将不同章节中涉及的知识点和概念术语分类整理，这样便于在阅读时梳理情节。可以通过列表，将其中一些反复出现的关键词串联起来，比如DDT在不同章节中都有涉及，作为《寂静的春天》中的关键线索，这对我们理解农药对于环境的破坏很有帮助。

3. 在阅读时，除了对作品的文学层面进行理解之外，还要品味其中的科学精神。《寂静的春天》作为环境保护运动的里程碑式的作品，可以说掀开了环境保护运动的大幕。我们在阅读的过程中，可以感受到卡森作为科学家的严谨态度，不屈不挠的斗士姿态，以及对于环境和生态问题的深切关注。比如卡森在描写化学药剂对环境的污染时，引入了大量翔实的数据来证明自己的观点，这种列数据的方式能给人以真实可信的感觉。又比如在论证农药给环境带来的严重危害时，卡森通常会举很多生活中真实可触的例子，这些发生在身边的案例会给读者更大的触动，能拉近作品与读者之间的距离，将抽象的理论变成具体的易于理解的东西。通过阅读，我们能进一步感受《寂静的春天》所传达出的科学精神。

（二）批注式精读

批注式精读，是自古以来最常用的读书方法之一。在阅读中，可以先圈点，再批注。这种读书方法可以凝聚阅读的注意力，便于记忆、思考、巩固和查考。对于《寂静的春天》这样有一定难度的科普作品，需要集中精力深入体会，更需要运用此种阅读方法。

圈点批注法，要注意以下几点：

1. 圈点虽然是随手勾画，但勾画的应该是文章的重点、难点、疑点，或者是自己深有体会之处。

2. 在批注的时候，可以重点从作品的写作手法、语言特色等方面着手，或展开联想、想象，补充原文内容，或写出心得体会，提出自己的见解。例如本文的一大特色就是以生动形象的散文话语描述生态景观，同时传达出其中的生态忧患意识，植物是"地球的绿色斗篷"，蚯蚓等是土壤的"永久居民"，化学药物是"死神的灵药"，这些比喻都使文章充满了盎然情趣，在批注的时候可以特别留意。

3. 经典作品需要反复阅读，每次圈点批注可以有不同的侧重点。一般是遵循由易到难的顺序进行的，从解决字词方面的疑问，到重点语句的理解，再到全篇内容的把握。

示例：

（1）用自己的语言概括本章主要内容。

（2）梳理杀虫剂对环境、对人类造成哪些后果。

（3）作者忧患意识在文中的体现。

这就是一个由易到难的阅读周期。

4.可以给自己设定一些圈点和批注的符号。

以作品第一章为例：

> 母鸡在农场里孵蛋，但是小鸡崽没有破壳而出。农人们都在抱怨着没有办法养猪了——新出生的小猪崽个头太小，而且也活不了太久。！苹果树上的苹果花开了，却没有蜜蜂在花丛中穿梭。苹果花没有办法授粉，因而也不会结出果实。小路两旁的美景曾经是多么引人注目啊，但是现今那里只有仿佛被大火洗礼过的焦黄蔫巴的植物。这个地区毫无生机，死气沉沉。连小溪也难逃魔爪。垂钓之人再也不到这里来了，因为鱼儿都已绝迹。

> 屋檐之下的管道里，屋顶的瓦片之间，还稍许能看到一层白色的粉粒。？几周之前，这种白粉粒如雪花一般，飘落在房顶、草地、田野和小溪里。|给这个世界造成累累伤害的不是什么魔法，也不是什么所谓的天敌，而是人类本身。

注：用画直线加叹号表示强调，用画直线加问号表示质疑，用圆点或圆圈表示精警之处，用波浪线表示重要和关键语句，用竖线表示段落层次的划分，等等。

符号设定之后，每个人要养成固定使用的习惯，这样在整理读书笔记时才不致凌乱。

（三）提要式回顾法

阅读科普类作品，梳理情节和厘清逻辑至关重要。为了达到更好的阅读效果，提高阅读效率，建议在阅读时，边读边整理作者的观点和与之相关的事例依据，将事例用自己的话简单复述，用表格的形式记录下来。等到全部读完后，合上书，看着表格，回忆书中的细节，在脑海中将主要观点与事例回顾一遍，这样可以帮助记忆，对作品内容有宏观的认识和把握，这是一种十分有效的阅读策略。

示例：

章节	主题	事例1	事例2	事例3
第三章 死神的灵药	各种杀虫剂的特性和药力，以及使用后对我们生活造成的后果	以DDT、氯丹、狄氏剂、安德荼为代表的氯化氢	以马拉硫磷和对硫磷为代表的有机磷	以砷化合物为代表的其他化合物
……	……	……	……	……
……	……	……	……	……

CONTENTS

目录

谨以此书献给阿尔伯特·施韦泽

他曾说："人类已然失去了预见和预防的能力。他们会因毁灭地球而灭亡。"

湖上的芦苇已经枯萎，也没有鸟儿唱歌。

——济慈

　　我为人类感到悲哀，因为他们对自身的
利益太过精明。我们对待自然的方法是迫使
其屈服。如果我们不那么多疑、专横，而是
学习如何与地球和谐相处并对它心怀感激的
话，我们将有更好的存活机会。

——E.B.怀特

今天就要开始我们第一周的阅读了，或许一开始，你对它知之甚少，对于相关知识感到有些陌生，但请相信，随着阅读的深入，书中字里行间透露出的担忧与焦虑，一定会深深抓住你的心，你会对自己身处的世界有新的认识。

第一章　明天的寓言

　　曾经有一个位于美国中部的小城镇，那里所生长的一切生物都和周围的环境和谐共生。环绕着这个小城镇的是星罗棋布、生机盎然的农场，那里满是庄稼繁茂的田地，小山坡上遍布果园。春天的时候，仿若朵朵白云的繁花散落在绿野之上。秋日到来的时候，橡树、枫树以及白桦树穿过由松树围成的屏风，摇曳着身姿，闪烁着如火焰般的光彩。在山丘之上，有狐狸在其间叫着。小鹿静悄悄地从原野上掠过，身影在秋日晨间的雾气中隐现。

　　在小路边生长着月桂树、荚蒾、桤木，以及巨型蕨类和野花，它们在一年中的多数时间里给人以心旷神怡的悦目之感。即便是在冬日，小路两旁的景色也是无比美丽的。不可胜数的鸟儿赶到这里来，前来啄食浆果和探出雪层的干草穗头。实际上，这片郊野正是因为数量繁多、种类丰富的鸟儿而声名在外。每年的春天和秋天到来之时，迁徙的候鸟便蜂拥而至，此时，人们会历经长途跋涉，赶着去观赏鸟儿。清凉澄澈的小溪自山间流泻而出，汇聚成了有绿树掩映、鳟鱼四处游动的池塘，人们可以在这里垂钓。因而许多年前，有了第一批居民前来此处定居，他们在这里建筑房屋，挖掘水井，修筑粮仓。

突然之间，这个地区被一个怪异的阴影所笼罩，这里的一切都在悄然改变。不祥的魔咒降临到这一地区：鸡群被神秘的疾病所席卷，牛群和羊群成批成批地倒下、病死。死亡的阴影无处不在。农人们倾诉着家里人所患的疾病，城里的医生也对患者身上出现的新的疾病困惑不解。人们会毫无征兆、莫名其妙地死亡。不单单是成年人，孩子们也会在玩耍的时候猛然倒下，突然发病，继而在几个小时之内死去。

这个地区被一种奇异的寂静所笼罩。鸟儿都去了哪里？大家议论纷纷，迷惑不解。经常有鸟儿前来寻食的后园已然变得冷寂起来。在少数几个地方，仅仅能看到几只气息奄奄的鸟儿，它们不住地颤抖，已经没有办法再飞起来。这是一个生气全无的春天。往昔这里的清晨，曾有知更鸟、猫鹊、鸽子、松鸦、鹪鹩的合唱，还有许多其他鸟类的和声，现今却没有一点点的声响。田野的四周、树林和沼泽都淹没在一片死寂之中。

母鸡在农场里孵蛋，但是小鸡崽没有破壳而出。农人们都在抱怨着没有办法养猪了——新出生的小猪崽个头太小，而且也活不了太久。苹果树上的苹果花开了，却没有蜜蜂在花丛中穿梭。苹果花没有办法授粉，因而也不会结出果实。小路两旁的美景曾经是多么引人注目啊，但是现今那里只有仿佛被大火洗礼过的焦黄蔫巴的植物。这个地区毫无生机，死气沉沉。连小溪也难逃魔爪。垂钓之人再也不到这里来了，因为鱼儿都已绝迹。

屋檐之下的管道里，屋顶的瓦片之间，还稍许能看到一层白色的粉粒。几周之前，这种白粉粒如雪花一般，飘落在房顶、草地、田野和小溪里。给这个世界造成累累伤害的不是什么魔法，也不是什么所谓的天敌，而是人类本身。

上述的小城镇是作者虚设的，但是在美国和世界其他地方，可以轻易寻找到千千万万个这样的城镇。我明白，并没有哪个地方遭受了我所描述的全部的灾祸。但是在某些地方，上述的灾难事实上已然出现了，的确有很多地方被大量的不幸之灾所笼罩。人们还未意识到，一个面目可憎的幽灵已向我们悄悄袭来。我们应当知晓，这个我想象出的悲剧很有可能会变成残酷的、活生生的现实。

那么，是什么使得美国的无数个城镇中春日的声音沉寂下来的呢？本书将尝试着做出回答。

是什么使得这样一个景色宜人、生机勃勃的小城镇变得一片死寂？这"魔咒"的背后隐藏着什么秘密？

第二章　忍耐的义务

在地球上，生命体的进化过程是生物和其所处的环境相互作用的过程。地球上动植物的自然形态和生活习性在很大程度上都是由环境所塑造的。就地球所存在的整个时间来说，生命对于环境的改造所产生的反作用通常是比较微小的。一直到一个新的物种——人类的出现，尤其是到了20世纪，生命获得了巨大的改造自然的力量。

在过去四分之一的世纪里，这种力量不只是增长到了让人担忧的程度，而且还发生了质的变化。在人类对于环境的侵扰之中，让人最为惊讶的是空气、土地、河流和海洋所遭受的严重甚至是致命的污染。这种污染在很大程度上是很难复原的。由它而引起的连锁负面效应在很大程度上也是不可逆的。它不仅出现在生命所生存的外部环境中，还侵入了生物的内部组织之中。说到影响环境的普遍污染源，其中化学药品产生的危害最大，其危害甚至不低于辐射危害，我们对此却知之甚少。锶-90会在核爆炸中被释放，它会伴随着雨水或是附着在飞尘之上降落于地表，进而渗入土壤，接着被杂草、玉米和小麦吸收，最后，会侵入人类的骨骼，停留在那里，直到生命衰亡。喷洒在农田、森林和花园里的农药，同样也会长期停留在土壤里，之后侵入生物体内，导致动植物中毒、死亡，并在食物链中不断迁移；或者在地下水中潜藏转

当人类掌握了改造自然的巨大力量时，自然经受了什么样的冲击？

移，它们会通过空气和阳光的作用再次现身，结合成新的化合物。这种新生成的物质导致植被被破坏，动物患病，而且对于那些曾经长期饮用井水的人来说，它会在不知不觉之中给这些人带来伤害。就如阿尔伯特·施韦泽所说的那样："人们甚至认不出他们自己所创造出来的魔鬼。"

历经了亿万年的时间，存在于地球上的物种才得以进化和演变。在这一漫长的过程中，它们不断地发展演化，逐步适应周围的环境，达到了和谐共处的状态。自然环境中能够极大地影响生物形态的种种有利与不利的因素，对生物进化的方向进行指引。有一些岩石会释放出具有危害的辐射，甚至为生命提供能量的阳光中也存在着能够对生命造成伤害的短波辐射。生物的进化若是想要达到与自然的平衡状态，所耗费的时间不是一年两年，而是上千年。因而最基本的要素是时间。然而现今的世界已经无法寻得充裕的时间。

世界迅速变化的脚步使得大自然无法从容地做出调整。辐射的存在早于地球上生命的出现，它的身影遍布于岩石的隐秘射线、宇宙射线爆炸和太阳紫外线之中。人工干预的原子试验是现今辐射作用的产生原因。在生命本身所做出的调整过程中，其所遭遇的化学物质也不再是那些从岩石之中被冲刷出来的或是经由河流带入海中的钙、硅、铜以及其他的无机物，而是在人类实验室中所制造出来的人工合成物，这些合成物本身无法在自然界中存在。

就自然发展的历史维度来看，自然对于这些化合物适应的时间是漫长的，它所需要的不仅仅是一代人的时间，而是好几代人的时间。即使奇迹出现，这种适应变成可能，它所带来的结果也是徒劳无功的，新

写出了人类的愚蠢，同时用比喻句，将化学药品称为"魔鬼"，直斥它的危害。

是什么让现代社会失去了耐心与时间？

人与自然的平衡已打破，人类的明天将走向何方？

不是"杀虫"，而是"杀生"，杀的不仅仅是虫，而是整个生物界，让人猛然惊觉。

的化学物质源源不断地从人类的实验室里倾泻而出。仅仅说到美国，每一年大概就有500种新化学物质进入应用领域。这些巨大的数字让人惊骇，可是其所带来的危害却不是那么清晰可测——每一年，人类和动物都要用身体去适应这新出现的500种化学物质，而这些化学物质是生物体远不能承受的。

在人类对大自然的征战中，这些化学物质被大量施用。自20世纪40年代中期以来，200多种基本化学药品被人类创造出来，这些药品被用作毒杀昆虫、野草、啮齿动物和被俗称为"害虫"的其他生物。这些化学药品被贴上数千种的商标在出售。在各个农场、森林、果园和家庭中，这些喷剂、粉剂和气雾剂被普遍地施用。这些化学药剂拥有能够毒杀"好昆虫"和"坏昆虫"的巨大威力。由于它们的存在，鸟儿不再歌唱，河中的鱼儿踪迹全无，叶片覆盖上了一层具有致命危害的薄膜，它们还会长期滞留在土壤中——原本的目的仅仅是为了对付几种杂草和昆虫。谁会相信这种投放于地球上的化学烟幕弹，不会给所有的生物带来伤害呢？比起"杀虫剂"这个名称，它们更应该被称作是"杀生剂"。

化学药品的使用过程就如一个无穷无尽的螺旋上升的气团。自DDT①被允许民用以来，更多的有毒物质随之出现，一个持续不断的过程被开启了。达尔文的适者生存的理论被昆虫证实了，它们开始进化，并通过进化产生了抗药性。因为这种抗药性，人们会去发明一种具有更强药性的药品，之后昆虫会对这种药品再次产生适应性，接着人们会再发明一种毒性更强的

① DDT：又称滴滴涕、二二三，是一种杀虫剂，也是一种农药。

药品。这背后的原因在下文中会做出解释。药物被喷洒之后，害虫通常会再次袭来，浴火重生，其数量甚至多于之前。这场化学战争没有取得胜利的可能，而所有的生命体都在这种猛烈异常的炮火之下遭受伤害。

除了人类有可能被核战争所毁灭之外，目前还存在着一个核心的问题，即对于整体环境的污染，某些物质具有极强破坏力，这种力量让人难以置信——这些物质可以在动植物的组织里累积，甚至会渗入生殖细胞中，破坏或改写能够决定未来形态的遗传物质。

有些自诩为人类未来的工程师的人，总是希望有朝一日可以改变、设计我们的遗传细胞。然而由于现今我们的疏忽大意，今日的我们就能很容易达到这一点。与辐射相同，现今很多化学药品能够很轻易地使得基因突变。例如选择某种杀虫剂这样不值一提的小事可能会决定着人类未来的走向，这样想来，难免会感到一种反讽的味道。

到底是为了什么，要冒如此大的风险？未来的历史学家或许会为我们在面对利弊的时候所具有的如此低下的判断力而感到震惊。高智能的人类为什么宁愿去污染整个环境，给自己带来疾病和死亡威胁，只为了能够控制某几种他们"不想要"的生物？但是，这就是我们的所为！有些时候，在没有对问题有清晰认识之前，人类就已经开始了行动。

人类在面对选择的时候，应当怀有怎样的态度？什么样的行为才是真正负责任的行为？

据说，杀虫剂的普遍使用是为了维持农场生产所必需的，但是问题的所在不正是"生产过剩"吗？即使减少了农作物的耕种面积，为了不让农夫耕作而付钱给他们，但是我们的农场还是生产出令人惊骇的过剩的粮食。单是在1962年，纳税人就在存储粮食方面付出了超过10亿美元的税！在农业部其中一个部门试图减少粮食生产的同时，另外一个部门却反其道而行之，如同其在1958年所宣称的那样："通常来说，农业银行规定，减少耕地面积，这样一来，为了在现有的土地上获得最大的产量，会刺激人们施用更多的化学农药。"这样一来，问题还能得到解决吗？

这样说不意味着害虫不是问题或者是不需要控制害虫。我的意思是，要进行控制工作一定要立足于实际，不能只是建立在主观臆想之上，而且不能用那种会将我们和害虫一道毁灭的方式。

在问题的解决过程中，伴随着一连串的灾祸，这也是我们现代生活的衍生物。昆虫早在人类出现之前，就居住在这个地球之上了，昆虫种类多样，适应能力极强。而当人类出现之后，种类有50多万的昆虫中的一小部分，主要是以两种方式与人类的利益产生冲突的：第一种方式是和人类争夺食物；第二种方式是成为人类疾病的传播者。能够传播疾病的昆虫在人口密集的地方会显示出威力。诸如在自然灾害发生期间，战争爆发或是处于极端贫困之中，糟糕的卫生条件之下，针对昆虫的控制行为就极有必要了。我们当下要有清醒的认识，大量使用化学药物所取得的成功只是有限的，我们最初的目的是用其来改善状况，但是所产生的结果反而更加糟糕。

昆虫在原始农业的条件之下，不是个问题。问题是伴随着农业的发展而产生的——大面积播种同种作物。这种种植方式促成了某种昆虫数量的爆发。这样的耕种模式只是存在于工程师头脑中的所谓的农业，跟自然规律并不合拍。在自然条件下，土地具有多样性，而人类却热衷于将之简化。如此一来，人类亲自破坏了存在于自然界中的制约和平衡机制，在这

要用严谨、客观的态度对待"杀虫剂"。

人类妄想征服自然，殊不知世界并不由人类主宰，大自然会给予反击。在大自然面前，人类是渺小的。

种机制下，自然界中的生物数量都维持在一定的范围之内。对于每一种生物所适宜的栖身之所，自然都进行了某种限定。显而易见，一种主要以小麦为食的昆虫在麦田上的繁殖速度远比在套种其他作物的农田上的繁殖速度要快得多，因为这种昆虫对其他作物不太适应。

同类的事情也发生在其他的情况之中，远在上一代人或更久之前，美国大城镇的街道两旁满是榆树。可看看现在，这被寄予着希望而生的美景正承受着被彻底毁灭的威胁，因为某种源自甲虫的疾病袭击了所有的榆树。要是混种了其他植物的话，那么这种甲虫就不可能席卷一切了。

现代昆虫问题的另一层面要置于地质学和人类历史的背景中去审视：成千上万不同种类的生物从自己的原生领地向新的区域蔓延、入侵。英国生态学家查尔斯·埃尔顿在其最新著作《入侵生态学》中，对世界性的大迁徙进行了研究和生动的描述。在亿万年前的白垩纪，泛滥肆虐的海水切断了很多大陆桥，各种生物被困在埃尔顿所称的"巨大的、隔离的自然保护区"内。因为和同类的隔绝，它们渐渐进化出许许多多新的物种。大约在1500万年以前，某些大陆被重新链接通，这些物种开始迁移到新的地区——这样的运动仍旧在进行中，而且在这个过程中，得到了人类的大力帮助。

当今物种传播的主要原因是植物的进口，因为动物总是跟随着植物进行迁徙。虽然检疫手段不断在更新，但是这些手段不能完全奏效。单是美国植物引进署就从世界各地引进了大约20万种植物。在大约180种植物害虫中，一半是从国外被意外带进来的，其中大多数是跟植物一起来的。

自然界有自己的运行规律和法则，若是突破这种规律和法则，就会出现意想不到的问题。

因为它们在新的区域没有了天敌的威胁，这种入侵物种的数量会脱离控制，大量泛滥。我们要面对的最棘手的问题是外来昆虫的引入，这不是偶然的。这些物种入侵，不论是自然发生的，还是由人类主导的，都很有可能会无休无止地进行下去。检疫手段和化学之战只是耗费金钱来赢得时间的方式。埃尔顿博士所说的正是我们现今要面对的情形。"最为要紧的问题不是去寻找到抑制某种动植物的新的技术方法"，而是需要去明白掌握物种与环境的关系，以此来促成一种平衡的状态，控制昆虫的泛滥，而且要防止物种入侵。

我们对很多必要的知识视而不见。我们在大学里培养生态学家，甚至在政府部门里雇佣他们，但是很少听取他们的意见。我们放任具有致命危害的化学药剂如雨水一样被肆意喷洒，似乎别无他法。然而，实际上只要有机会，依靠我们的智慧，可以找到很多别的方法去解决问题。

我们是否失去了判断好和坏的意愿和能力，像迷失了心智一般，不得不去接受那些低劣的、极有危害的事物？正如生态学家保罗·舍帕德所说："脑袋刚刚露出水面就感到身心满足，却不知道环境的崩溃迫在眉睫……为什么我们能够容忍带着毒性的食物，在四周的孤寂中静默？为什么我们要放任他人与不是真正意义上的敌人作战，还要忍受着轰鸣的机器噪声？又有谁愿意生活在这样一个只能说是不那么悲惨的世界上？"

但是，这就是向我们逼近的世界。想要打造一个无菌无害的世界的想法燃起了许多专家和大部分所谓的行政管理机构的极大热情。无论如何，那些积极参与农药推广的人，都或多或少地在过分使用权力。对此，康涅狄格州的昆虫学家尼利·蒂默说道："负责监管工作的昆虫学家集起诉人、法官和陪审员、估税

怎样来理解这句话呢？

员、税务员和司法长官等多种角色于一身，从而去实施自己所发布的命令。"

我的意见并不是完全弃用化学杀虫剂。我想说的是，我们居然任意把具有极强毒性和强大生物影响力的化学药剂交给这样一群人，他们对此了解甚少，甚至是一无所知。我们没有得到别人的许可，也没有将危险告知他们，就让这些人与毒药接触。在《权利法案》中没有这样的规定，指明公民有权免受来自个人或是政府官员的所散播的致命毒药的威胁。没有这样的规定，是因为即使我们的先辈们智力超群，颇具远见，也没办法事先料想到这样的问题。

> 再次强调自己观点，对于"杀虫剂"不是不用，而是不滥用。

在这之外，我还要强调的是，在调查清楚化学药物对土壤、水、野生动物以及人类自身的影响之前，我们就许可它的使用。对于养育万物的整个自然世界，我们没有投入足够的关照，这是源于我们谨慎精神的缺失。未来，我们的子孙对于我们的行为可能不会予以谅解。

人们对潜在的威胁的认知还十分有限。在当今这样一个专家的时代，人人都只能看到自身的问题，却没有将其放在更为宏观的层面上去认知。这同样是一个以工业为主导的时代，这个时代崇尚的信条是为了获取金钱不惜一切代价。当人们掌握着确凿的关于杀虫剂会造成伤害的证据而群起抗议的时候，人们就会被喂下半真半假的镇静药剂。当务之急就是要迅速结束这种虚假的慰藉，不要再给丑恶的事实裹上糖衣。大众要承担消灭昆虫的人员所带来的危害。对于是否要沿着这条道路继续走下去这一问题，只有当人们对事实真相了解之后，才能对此做出决定。诚如吉恩·罗斯坦德所说："正因为承担了忍耐的义务，所以我们有了解事实真相的权利。"

> "权利"与"义务"相辅相成，人们有权利在完全了解真相后，选择是否忍受。

第三章　死神的灵药

如今，每个人自出生直至死亡，每日都不得不与危险的化学药品进行接触，这样的情形在世界历史上还是头一次出现。杀虫剂投入使用不到20年时间，却早已遍布世界的每一个角落。在大多数主要的水系甚至那些我们看不到的地下水里，都检测到了药物残留。十多年前所使用的化学药物依旧会残留在土壤中，它们已然侵入了鱼类、鸟类、爬行动物、家畜和野生动物的身体之内。科学家的动物实验表明，没有动物不受其影响。在偏僻荒凉的山溪、湖水中的鱼儿的身体里，在蠕动于土壤之中的蚯蚓的身体里，在鸟蛋里，甚至在人的身体内都存有这样的化学药物成分。现今，这些化学药物残存在人体之内，不论男女老少。母亲的奶水里也有它们的踪迹，而且可能会侵入胎儿的机体组织里。

这种情况的产生，源于具有杀虫特性的人造或合成化学品工业的突然崛起和迅猛扩张。这一工业是第二次世界大战的产物。在化学武器的研制开发中，人们发现有一些实验室中的化学药物能够杀死昆虫。这样的发现不是偶然产生的，因为昆虫一度被当作试验品在实验室里广泛应用，做了人类的替罪羊。这一结果使得人类不断地生产合成杀虫剂。作为一种人工合成的化学品，在其制造的过程中，科学家精巧地操控分子，替换掉原子，改变它们的序列。这些与第二次世界大战之前那些简单的杀虫剂完全不同。第二次世界大战之前的化学品的原料——砷、铜、锰、锌以及其他的化合物，都来自纯天然的矿物植物，例如用干燥的菊花所做的驱虫粉剂，烟草之中的尼古丁硫酸盐，东印度群岛豆科植物中的鱼藤酮。

新型合成杀虫剂的与众不同之处是其对生物所产生的巨大影响力。它们不仅仅具有极强的毒性，还会破坏人体最为关键的生理过程，使其产生病变，而且经常会导致死亡的发生。正如我们所见，它们将保护人类免受伤害的酶摧毁了，阻碍了人类得以获取能量的氧化过程，各个器官本身的功能也被它们破坏了，还很有可能在细胞内引发慢性而不可逆的变化，最终会诱发恶性肿瘤。但是每一年还是会有新研制的、具有更强致命性的化学药物出现，也被赋予新的用途，因而全世界都在和这些药物进行亲密接触。美国合成杀虫剂的产量在1947年还是1.24259亿磅[①]，而这一数字在1960年，激增至6.37666亿磅，比之前增长了5倍多。这些产品批发总价超过2.5亿美元。但是从化学工业的计划和其远景来看，这仅仅是个开端而已。

正因为这样，我们应当对杀虫剂加深了解。它与我们的日常生活息息相关。从我们的饮用水到食物，甚至是骨髓之中都有它们的痕迹。因此，我们最好还是对它们的药效和药力进行了解。

尽管以第二次世界大战为标志，杀虫剂开始从无机化合物转向奇妙的碳分子世界，有少数几种原料物质还在使用。这些物质中最主要的就是砷，它仍是除草剂和杀虫剂的基本成分。它有很强的毒性，广泛分布于各种金属矿石中，在火山、海洋和温泉中有少量分布。它与人类的关系千丝万缕，颇有渊源。由于许多砷的化合物是无味的，因而自博尔吉亚家族[②]以来，人们就选择用它来杀人。早在大约两个世纪之前，一位英国医师就发现，烟囱中的煤烟含有的砷与一些芳香烃一样，是致癌物。长久以来，由于砷引发的慢性中毒是有案可查的。马、牛、羊、猪、鹿、鱼、蜜蜂等动物也会因为日常生活环境中的砷中毒而导致患病或死亡。尽管这样，含有砷的雾剂和药粉依旧被普遍使用。在美国南部地区，那些使用砷粉剂的产棉区，蜜蜂养殖几近绝迹。因为长期使用砷粉剂，农民患上了慢性砷中毒，因为含砷的喷剂和除草剂，牲畜也会因此中毒。那些喷洒在蓝莓地里的砷药粉，飘落在附近的农田里，导致溪流的污染，使得蜜蜂和奶牛中毒，并导致人类患病。"近年来，我国对于砷污染的放任态度，简直到了登峰造极的程度……"美国环境致癌权

---

① 磅：英美制质量或重量单位，符号 lb。一磅等于 16 盎司，合 0.4536 千克。
② 博尔吉亚家族：15 世纪西班牙权贵家族，该家族以用毒药闻名。

威机构——国家癌症研究院的W.C.休伯说，"凡是看到过工人使用喷粉机和喷雾器的工作状态的人，一定会被他们对这些有毒物质随意处理的态度震惊。"

现今的杀虫剂具有更为致命的特性。大多数药剂可以划分为两个门类：一类是以DDT为代表的"氯化烃"；另一类是由各种有机磷杀虫剂构成的，以较为常见的马拉硫磷①和对硫磷②为代表。如前文所说，它们之间有着共同点，都是以碳原子为基础，碳原子是构成生物的必要的基本成分，因而被称为"有机物"。只有明白了它们是什么以及它们是如何被制造出来的，我们才能真正了解它们。虽然它们和构成生物的化学物质有着相似性，但是它们还是能被改造成具有致命性的药剂。

碳原子是这样一种原子，它能任意以链、环或其他结构组合在一起，也可以和其他物质中的原子相结合。的确如此，小到细菌，大至蓝鲸，存在于自然界中的生物的多样性正是基于碳本身的这种特性。诸如脂肪、碳水化合物、酶、维生素等分子一样，复杂的蛋白质分子的基本组成也是碳原子。除此之外，因为碳并不一定是生命的象征，所以很多无机物也是由碳原子构成的。某些化合物只是碳和氢的简单的组合，甲烷就是这其中最简单的一种。甲烷又称沼气，它是自然界中水下有机物经细菌分解产生的。甲烷若是以一定的比例与空气混合，就会变成煤矿中可怕的"瓦斯"。甲烷的分子结构非常简单，它是由一个碳原子和四个氢原子构成的：

化学家们发现，可以用其他原子替换掉一个或者全部的氢原子。比如用一个氯原子代替一个氢原子，那么可以制成氯化甲烷：

---

① 马拉硫磷：别名马拉松、四零四九、马拉赛昂，适用于防治烟草、茶和桑树等作物上的害虫，也可用于防治仓库害虫。
② 对硫磷：一种广谱杀虫剂，用于防治各种蚜虫、红蜘蛛等害虫。

$$
\begin{array}{ccc}
H & & Cl \\
& C & \\
H & & H
\end{array}
$$

若用三个氯原子替换三个氢原子，便可以得到麻醉氯仿：

$$
\begin{array}{ccc}
H & & Cl \\
& C & \\
Cl & & Cl
\end{array}
$$

去掉所有的氢原子，替换成氯原子，那么就会得到四氯化碳，也就是我们所熟悉的清洁剂：

$$
\begin{array}{ccc}
Cl & & Cl \\
& C & \\
Cl & & Cl
\end{array}
$$

简而言之，围绕甲烷分子的基本变化说明了氯化烃的构成。但是，这种说明远远不能阐明烃的真正复杂性，或者有机化学家创造各种材料的丰富手段。科学家们能够改变由许多碳原子组成的碳水化合物分子，而不仅仅是由单一碳原子组成的甲烷。这些碳原子呈环状或链状，还有侧链和分支。连接它们的化学键不仅仅是氢原子和氯原子，还有各种化学群。那些看似微不足道的变化却可能完全使物质的特性被改变。例如，不仅什么元素附着在碳原子上面很重要，就连其附着的位置也相当重要。如此精巧的操控促成了一系列极具杀伤力的毒药的产生。

1847年，DDT（双氯苯基三氯乙烷）首次由一位德国化学家合成，但是直至1939年，它具有的杀虫特性才被人发现。随后，它就被盛赞为害虫的终结者，能够帮助农民一夜之间将害虫铲除，帮农民打赢"战争"。因为发现了DDT的杀虫功效，瑞士人保罗·穆勒获得了诺贝尔奖。

DDT如今被广泛使用。在大多数人看来，DDT是一种常见的没有什么危害的产品。这样的印象可能源自战争时期，DDT在战时被用在成千上万的士兵、难民和囚犯身上，用来对付虱子。如此多的人都与DDT进行了亲密接触，但是没有产生什么直接危害。因此，人们普遍相信DDT一定是无毒的。对DDT有此种误解是基于这样的事实，它与其他氯化物不同，粉状的DDT不易通过皮肤被吸收，但是若它溶在油中的话，那么就一定是有毒的。如果吞食了DDT，那么它会通过食道被慢慢吸收，还可能通过肺被吸收。它一旦侵入人体，就会在富含脂肪的器官（因为DDT本身溶于油脂）中存留，如肾上腺、睾丸、甲状腺。还有很大一部分会在肝、肾以及包裹着肠膜的脂肪中存留。

可以想见，DDT在体内的存量是从最小的摄入量（残留于大多数食物之中），一直达到很高的水平。脂肪如仓库一般，起到了生物放大器的作用，以至于食物中千万分之一的微小摄入量，也会在体内积存到百万分之十到百万分之十五，也就是激增了100多倍。在化学家或者药物学家看来，这些数字是相当平常的，但是对于我们大多数人来说，却对此知之甚少。百万分之一，听起来是很小的数字，这个数字的确也相当微小，但是，这些化学药物所产生的效用却是如此之大，极小的量就能够引发巨大的变化。据动物实验发现，百万分之三的剂量就足以抑制心肌中一种重要酶的作用；百万分之五的剂量就会导致肝细胞坏死或衰变。而剂量为百万分之二点五的狄氏剂①和氯丹②，所产生的效果也是同样的。

这些并不让人感到惊诧，在正常人体中化学物质的细微差别就能导致结果的巨大差异。例如，万分之二克的碘，就足以决定人是健康还是生病。由于少量的杀虫剂是一点点被累积起来的，而将其排泄出去的过程却很缓慢，所以肝脏以及其他器官的慢性中毒和退化病变是确实存在的。

科学界对于人体内会存留多少DDT这一问题还未达到统一认识。食品与药物管理局主任药物学家阿诺德·莱曼博士说，因为DDT的吸收没有所谓的上限和下限，所以不管DDT的剂量是多少，都会被人体吸收。而另一方面，在美国公共卫生署的维兰德·海耶斯看来，每一个人的身体内都会有一个平衡点，若是超过了这个限度，多余的DDT就会被排泄

---

① 狄氏剂：一种高毒性的杀虫剂，可迅速经皮肤吸收而中毒，对神经系统、肝脏、肾脏有明显的毒性作用。
② 氯丹：一种无色或淡黄色的有机氯杀虫剂。具有很长的残留期，能杀灭地下害虫，如蝼蛄、稻草害虫等。

出来。实际上，孰是孰非并不重要，我们已经对DDT在人体内的残留做了充分的调查，并且了解到普通人体内的药物残留具有潜在危害性。各项研究表明，那些已知没有与之进行接触的人（除了不可避免的饮食之外）平均药物残留量为百万分之五点三到百万分之七点四，而那些从事农业劳动的人为百万分之十七点一，在杀虫剂工厂工作的人体内的数值竟然高达百万分之六百四十八！由此可见，DDT的残留数值范围是很广的，更重要的是，即使最小的数值也已经超过了肝脏、其他器官和组织所能承受的量了。

　　DDT以及同类化学药品的最具危害性的特征是，它们可以通过食物链从一个有机体内转移到另一个有机体内。例如，将DDT喷洒在苜蓿地，之后将喷过药的苜蓿喂给母鸡，那么母鸡所产的鸡蛋里也会含有DDT。又或者以干草为例，将含有百万分之七到百万分之八的DDT的干草喂给奶牛，那么奶牛所产的牛奶中就会含有大约百万分之三的DDT；由此制成的黄油，其所含的DDT浓度会飙升至百万分之六十五。在这样的传导过程中，原本剂量很小的DDT，最终会达到很高的浓度。虽然食品与药物管理局明令禁止州际贸易中的牛奶含有农药残留，但是农民现今已经很难寻得未受污染的饲料来喂养奶牛了。

　　这种毒素可能还会经由母亲传递给子女。食品与药物管理局的科学家们已经在人奶的样本中检测出了农药成分。这也就意味着，在用母乳喂养婴儿的时候，婴儿也在不断吸收、积蓄有毒的化学毒素。无论如何，这都不会是婴儿第一次与有毒化学品进行接触，我们有充分的理由相信，在其还处于胚胎时期的时候就开始吸收毒素了。据动物实验表明，氯化氢农药能够轻易穿过胎盘壁垒，而胎盘正是胚胎与母体之间阻挡有害物质的保护层。虽然通过这种方式，婴儿所吸收的有毒物质较少，但是不容忽视的是，相比成人，孩子更容易中毒。这就意味着，每个人一出生就开始吸收有毒物质，在日后的生命中，累积的毒素还会与日俱增。

　　所有这些事实：即便人体内积存的毒素很少，但是加上日后的累积，正常饮食的药物残留也会对肝脏造成各种损伤，促使食品与药物管理局早在1950年就宣布，"极有可能，DDT潜在的危害被低估了"。类似

的情况在医学史上没有先例，没人知道最终的后果会如何。

另一种氯化烃——氯丹，除了具有DDT所有令人生厌的性质之外，还有某些独有的性质。它的残留物会长期滞留在土壤、食物或施用过氯丹的物体表面。它无孔不入，能够被皮肤吸收，还能以喷雾或粉末的形式被吸入。若是吞食了其残留物的话，那么理所当然也会被消化道所吸收。氯丹与其他氯化烃一样，能在体内慢慢累积。据动物实验表明，若是单次进食含量为百万分之二点五的氯丹，那么最终在动物脂肪中的氯丹的含量会增加到百万分之七十五。

像莱曼博士这样经验丰富的药物学家曾在1950年称，"氯丹是毒性最强的杀虫剂之一，任何与之接触的人都会中毒"。这一警告并未被留意，郊区的居民依然我行我素，随意使用氯丹配制杀虫剂，并将其肆无忌惮地喷洒在自家的草坪上。他们当时没有立即发病这一点意义不大，因为毒素可以在他们体内长期潜伏，直到几个月或几年后才会突然发病。但那时，已经不大可能查清患病的原因了。但是在某些时候，死神可能突然降临。一位受害者不慎将一种浓度为百分之二十五的工业溶液洒到皮肤上，40分钟内就出现了中毒迹象，还没来得及抢救就一命归西了。想要指望通过提前警告使中毒事件得到及时处理是靠不住的。

氯丹的成分之一——七氯①，在市场上作为一种单独的药剂出售。它极易被脂肪吸收贮存。若是在饮食中含有百万分之一的七氯，那么人体内就会累积起大量毒素。除此之外，它还可以神奇地转化为另一种不同性质的物质——环氧七氯②。在土壤中及动植物组织中都会发生这种转化。据鸟类药物实验表明，通过此种转化所产生的环氧化物要比原先的七氯更具毒性，而七氯的毒性已经是氯丹的4倍了。

早在20世纪30年代中期，人们便发现了一类特殊的烃——氯化萘。那些在工作中直接接触到它的人会患上肝炎，这也是一种罕见的、几乎

---

① 七氯：又称七氯化茚，通常为白色晶体或茶褐色蜡状固体，带有樟脑或雪松的气味。其化学结构稳定，不易分解和降解。
② 环氧七氯：具有与七氯类似的毒性，且持久性更强，更难降解。

无法治愈的致命疾病。它还会导致在电气工业工作的工人患病，甚至死亡。最近，它又被认为是导致农户的牛群患上致命怪病的罪魁祸首。鉴于这些先例，我们不难理解，所有杀虫剂中最具毒性的就是与这类烃相关的狄氏剂、艾氏剂和安德萘。

狄氏剂是因一位德国化学家狄尔斯而得名的。若是将其吞食的话，它的毒性是DDT的5倍，但是当狄氏剂溶液被皮肤吸收之后，其毒性就相当于DDT的40倍。狄氏剂臭名昭著，因为它能使人快速发病，并对中毒者的神经系统造成严重影响，使患者出现抽搐等症状。中毒者恢复起来相当缓慢，这足以证明它的长期危害性。像其他氯化烃一样，这些损害也包括对肝脏的严重损伤。尽管使用狄氏剂会给野生动物带来毁灭性的灾难，但是由于它药效持久、杀虫功效显著，因此目前它还是应用最广的杀虫剂之一。鹌鹑和野鸡实验证明，狄氏剂的毒性大约是DDT的40到50倍。

至于狄氏剂在体内是如何贮存、分布和排泄的，我们不甚了解。因为化学家们创造杀虫剂的才能远在我们对这些化学药品如何影响生物体的认识之上。然而，种种迹象表明，药物残留会长期存留于人体，就如同一座休眠的火山，当面对生理压力，脂肪被大量消耗的时候，它们就会骤然喷发。我们知道的大部分消息来自世界卫生组织所进行的艰苦抗疟运动。在疟疾防治中，自从用狄氏剂取代DDT之后（因为疟蚊已经对DDT产生了抗药性），中毒症状就出现在喷药人员之中。病症发作起来很是剧烈，一半甚至全部的中毒者（病症因工作情况的不同表现得也不一样）发生了抽搐现象，有些人死了，还有些人在接触药物4个月之后才出现抽搐现象。

艾氏剂[①]是一种略带神秘的物质。它虽然作为独立的个体而存在，但是又因为自身的变化而与狄氏剂有着密切的关系。如果将萝卜从使用过艾氏剂的萝卜地中拔出，会发现其中有狄氏剂的残留。这种变化能在机体组织里发生，也能在土壤里发生。这种神奇的变化已经导致了很多

---

① 艾氏剂：一种高毒性的杀虫剂，在农业上用于防治农作物害虫，可引起人体肝功能障碍，还能致癌。

错误的报告。因为对于一位已知艾氏剂被使用过的化学家，在对艾氏剂进行检测的时候，他会以为残留已经消失了。但是实际上，残留物已经变成了狄氏剂，因此需要其他的检测方法。

跟狄氏剂一样，艾氏剂也有剧毒，它能造成肾脏和肝脏的退化病变。一片阿司匹林大小的剂量，就能将400多只鹌鹑毒死。人类中毒的很多案例已经出现了，其中大多数与工业接触有关。

与很多同类杀虫剂一样，艾氏剂给未来投下了一层可怕的阴影——不孕症。野鸡在吃下很小剂量的艾氏剂后，不会死亡，但是其产蛋量却大大减少，而且孵出的小鸡很快也会死去。这种影响不局限于禽类。母鼠接触过艾氏剂，怀孕次数也会减少，而且幼鼠容易患病且短命。母狗受到艾氏剂的影响后，生下来的小狗三天就死了。因为这样或那样的原因，这些动物的后代都会因父母体内的毒素而受害。没人知道，同样的悲剧是否会发生在人类身上。但是，这种化学药物已经通过飞机洒向了郊区和农田。

安德萘是所有氯化烃中毒性最强的。虽然化学性质与狄氏剂密切关联，但其分子结构的细微变化使它的毒性是狄氏剂的5倍。此类杀虫剂的始祖——DDT的毒性与安德萘相比，几乎能算是无害了。对哺乳动物来说，安德萘的毒性是DDT的15倍，对鱼类是30倍，对于一些鸟类则高达300倍。

在投入使用的10年中，安德萘毒死了数不胜数的鱼类。那些在果园中闲逛的牛也会中毒。井水也被污染。至少有一个州的卫生部门发出警告：盲目使用安德萘将严重危害人类健康。

在一起最悲惨的中毒事件中，并没有出现明显的疏忽，因为人们已经采取了足够的预防措施。一个一岁大的美国小男孩随父母移居委内瑞拉。在他们的新家里发现了蟑螂，所以，几天后他们使用了含有安德萘的喷剂。大约在早上9点，喷药开始之前，他们将孩子和小狗都带至屋外。喷药之后，父母把地板洗了一遍。孩子和小狗直至下午才被带回屋里。大约一小时后，小狗开始呕吐、抽搐，最终死去。当天晚上大约10点，孩子也开始呕吐、抽搐，没有了知觉。那次与安德萘的致命接触，使这个原本正常、健康的孩子变成了植物人——看不见，听不到，肌肉频繁痉挛，完全与世隔绝。在纽约一家医院经过几个月的治疗之后，这个孩子的中毒状况也未能改善，或者有一丝改善的希望。主治医师说："几乎不会出现任何有效的恢复。"

第二大类杀虫剂——烷基或有机磷酸盐，可以位列毒性最强的化学品之中。在使用它们时，最主要、最明显的危害是急性中毒。喷药作业或者碰巧接触到飘浮的药物粉末、被喷洒过药剂的蔬菜和被丢弃的药剂容器都是危险的。在佛罗里达州，两个小孩找到一只空袋子，用其来修补秋千。不久之后，他们就死了，另外三个小伙伴也生病了。原来，这只空袋子曾经被用来装一种叫作对硫磷的杀虫剂，这是一种有机磷酸盐。经检验证实，两个孩子的死因是对硫磷中毒。还有一次，威斯康星州的一对小表兄弟死于同一晚上。其中一个孩子在自家院中玩耍的时候，有农药从附近的田野上飘了过来，当时他的父亲正在田里给土豆喷洒对硫磷。另一个小孩跟着自己的父亲跑进谷仓玩耍时，用手抓了一下喷雾器的喷嘴。

这些杀虫剂的出现多多少少都有着某种讽刺意味。虽然有一些化学品（如有机磷酸酯）早已为人所熟知，但是直到20世纪30年代末，它的杀虫功效才被德国化学家格哈德·施瑞德发现。德国政府立即意识到这些化学品可以与那些人类战争中的新型、毁灭性武器相媲美，于是，宣布对这些化学品的研究是重要机密。一些化学物质被制成了神经毒气，另一些结构相似的则被制成了杀虫剂。

有机磷杀虫剂通过一种独特的方式作用于生物体。它们能够破坏在人体中起重要作用的酶。不论受害者是昆虫还是温血动物，其攻击目标是神经系统。正常情况下，神经脉冲借助一种叫作乙酰胆碱的"化学传导器"在神经间传递。乙酰胆碱是一种在完成必要的任务后就会消失的物质。实际上，其存在的时间很短暂，以至于医学研究人员需要经过特殊处理才可能在其遭受破坏之前完成取样。而这种短暂的化学传导正是身体所必需的。一次神经脉冲通过后，这种物质若不能被及时消除的话，那么脉冲就会继续在神经间飞快穿过。因为这种物质的作用会以不断被强化的方式发挥出来，所以整个身体会变得不协调：颤抖，抽搐，最后死去。

我们的身体早已为这种偶发事件做好了准备。人体内存在一种叫胆碱酯酶的保护性酶，当不需要传导物质的时候，就将乙酰胆碱消除掉。人类的身体通过这种方式实现了一种精确的平衡，因而不会累积过多的乙酰胆碱从而导致危险的产生。但是一旦和有机磷杀虫剂发生接触，保护性酶就会被破坏。保护性酶的减少会导致乙酰胆碱逐渐积蓄。有机磷化合物从作用上看与一种在毒蘑菇里发现的生物碱——毒蝇碱很是相似。

反复接触会降低胆碱酯酶的含量，当它降至急性中毒的边缘时，若是再加上一点儿有机磷化合物的话就会导致中毒。因此，有必要对喷药人员和经常能接触到它的人进行定期血液检查。

对硫磷是用途最为广泛的有机磷酸酯之一，也是毒性最强、危险性最大的药剂之一。蜜蜂接触到它之后会变得"狂躁而好斗"，并做出疯狂抓挠的动作，半个小时内就会死亡。一位化学家想用最直接的方式弄清楚人类急性中毒的剂量。他将很少量的对硫磷吞下，剂量大约为0.00424盎司[①]，结果立即就瘫痪了，以致还没够到事先已备好、放在手边的解毒剂就死去了。据说在芬兰，对硫磷是最受欢迎的自杀工具。近年来，加利福尼亚州每年大约有200例意外中毒事件。世界各地，对硫磷所造成的死亡率如此之高也令人震惊。1958年，印度发生100起，叙利亚发生67起。在日本，平均每年有336人因对硫磷中毒而死。

然而，现在每一年美国的农田和果园要消耗约700万磅对硫磷，有用手动喷雾器的，有用电动鼓风机和喷粉器的，还有使用飞机作业的。一位医学界的权威说，仅仅加利福尼亚州农场的喷洒量，"就足以毁灭世界总人口5到10次"。

在少数情况下，我们或许能侥幸逃脱。由于对硫磷及其同类化学物质分解的速度较快，因此，与氯化烃相比，它在庄稼上的残留时间较

---

① 盎司：英美制质量或重量单位，符号 oz。1 盎司等于 1/16 磅，约合 28.3495 克。

短。然而，即使是较短的残留时间也足够造成伤害，引发严重后果，甚至会导致死亡。在加利福尼亚州里弗赛德市，30个采摘柑橘的人中，有11人中毒严重，他们当中除了一个人之外，剩余的都要被送往医院救治。这些人表现出来的症状就是典型的对硫磷中毒。这片果园大约在两周半之前喷洒过农药。在16至19天之后，药物残留仍然使采摘柑橘的人出现了干呕、视力下降、半昏迷等症状。这并不是残留时间最长的记录，同样的悲剧还发生在一个月前喷过农药的果园中。并且在使用标准剂量6个月后，橘子皮中仍然会发现药物残留。

田地、果园、葡萄园里喷洒的有机磷农药对工人的健康造成了很大的危害，所以使用这些药剂的州设立了实验室，帮助医生们进行诊断和治疗。甚至连医生本身也会面临一定的风险，除非他在救助中毒患者的时候戴橡胶手套。给这些患者洗涤衣物的洗衣女工也可能因吸收足量的对硫磷而中毒。

马拉硫磷是另一种有机磷酸酯，几乎与DDT一样广为人知。它被广泛应用于园林防治、家庭灭害和消灭蚊虫，以及对昆虫进行全方位攻击等行动中。例如，为了消灭一种地中海果蝇，佛罗里达州的居民在将近100万英亩①的土地上喷洒马拉硫磷。它被认为是同类化学品中毒性最小的，而且在很多人看来，它并没有什么危害，能够随意使用，广告也对这种随意的态度加以鼓励。

对马拉硫磷"安全性"的判断，是基于一种相当不可靠的依据，这一点常常是在其投入使用几年后才发现的（这种情况经常发生）。马拉硫磷之所以安全，是因为哺乳动物的肝脏强大的保护功能，能够将它所带来的危害消除。解毒作用是由肝脏中一种酶完成的。但是若是这种酶遭到破坏，或者作用的过程中被什么干扰了的话，那么那些接触到马拉硫磷的人就只能将全部的毒素都吸收进体内了。

不幸的是，对于我们所有的人来说，类似的事情经常发生。几年前，食品和药物管理局的一个科学小组发现，马拉硫磷和其他有机磷酸

---

① 英亩：英美制地积单位，1 英亩等于 4840 平方码，合 4046.86 平方米。

酯同时使用能够产生巨大的毒性，是这两种物质毒性相加的50倍。换句话说，当从这两种物质原本的致死量中各取百分之一，结合在一起之后会带来致命的后果。

这一发现促使人们研究别的化合物的组合。现在我们知道，很多有机磷酸酯组合极具危险性，因为一旦混合，毒性就会增强。一种化合物将另一种化合物中能够解毒的酶破坏了之后，混合物的毒性大大增强。这两种化合物不一定要同时出现，如果一个人在这周喷洒了这种杀虫剂的话，下周再喷洒另一种杀虫剂，就会出现中毒的危险。当人们食用了施用过农药的农产品以后，也会带来危险。一碗普通的沙拉里很可能含有不同有机磷酸酯农药的结合，残留物符合法定允许的标准也可能会引发中毒反应。

虽然我们对各种化学品相互作用的危险知之甚少，但是科学实验室中令人惊诧的事情常常发生。这其中的一个发现显示，一种有机磷酸酯的毒性能够被第二种物质加强，但是这种物质不一定是杀虫剂。例如，一种增塑剂在增强马拉硫磷毒性方面，可能要比杀虫剂有更大的效用。这是因为，它抑制了肝脏中酶的活动，这种酶通常可以"拔掉杀虫剂毒牙"。

那么，在通常的人工环境中其他化学品又是怎样的呢？尤其是药物，情况又如何？关于这方面的研究才刚刚起步，但是我们已经知道，一些有机磷酸酯（如对硫磷和马拉硫磷）会使一些能引起肌肉松弛的药剂的毒性增强，其他几种有机磷酸酯（包括马拉硫磷）会明显延长巴比妥酸盐的休眠作用时间。

在希腊神话中，女巫美狄亚因其丈夫伊阿宋移情别恋而愤怒不已，因此，她给伊阿宋的新娘送去了一条施了魔法的长袍。新娘穿上这件长袍之后，立即就死了。现在，这种间接死亡找到了它的对应物——内吸杀虫剂。这类化学药物具有某种特性，能够将动植物变成有毒的美狄亚长袍。这样一来，就能将前来进犯的昆虫毒死，尤其是当它们在吮吸植物汁液和动物血液的时候。

内吸杀虫剂的世界是一个奇异的世界，超出了格林兄弟的想象，可能更接近于查尔斯·亚当斯①的漫画世界。在这个世界里，魔幻的森林变成了有毒的树木，昆虫咀嚼树叶或吸食植物汁液后必死无疑。由于吸食狗的血，跳蚤死去了，因为狗的血液中具有毒性；昆虫因为接触植物散发的水汽而死；蜜蜂会将有毒的花蜜带回蜂巢，酿出有毒的蜂蜜。

应用昆虫学领域的研究者在自然界获得启示：他们发现在含有硒酸钠的麦田里，小麦对蚜虫和红蜘蛛的攻击能够免疫。由此，激发了昆虫学家研发内吸杀虫剂的灵感。硒是一种自然生成的元素，只少量存在于岩石和土壤里，就这样成为第一种内吸杀虫剂。

一种杀虫剂能成为内吸杀虫剂需要具备能够渗透进植物或动物体内各个组织并使之毒化的特性。一些氯化烃类化学药剂以及有机磷类化学品就具备这种特性，它们都是人工合成的。一些自然生成的物质也有这种特性。然而，大部分内吸杀虫剂使用的是有机磷类，因为这样一来，处理药物残留的问题会轻松些。

内吸杀虫剂还会以迂回的方式发生作用。通过浸泡或与碳混合的包衣剂，它们的药力会延伸到下一代植物体内，长出的幼苗能够将蚜虫和其他吮吸类昆虫毒死。类似豌豆、蚕豆、甜菜等蔬菜就是时常通过这样的方式来加以保护的。带有内吸式包衣剂的棉花籽在加利福尼亚州已经种植了一段时间。1959年，加利福尼亚州圣华金河谷的25个农场工人在种植棉花时突然发病，因为他们曾用手触摸过装有包衣种子的袋子。

在英格兰，有人想知道当蜜蜂在经内吸杀虫剂处理过的植物上采食花蜜会出现什么情况，于是人们在喷洒过八甲磷药物的地区做了调查。虽然农药是在开花之前喷洒的，但是之后生成的花蜜依旧有毒。结果不出所料，蜜蜂酿的蜂蜜也被八甲磷污染了。

动物内吸杀虫剂主要用来控制牛蛆，它是牲畜身上的一种有害的寄生虫。为了在动物血液和组织中发挥药物作用而又不会给它们带来致命的威胁，我们必须极其小心谨慎地使用。这种平衡是极其微妙的，而政府机构的兽医们已经发现，反复小剂量用药会渐渐耗尽动物体内起保

---

① 查尔斯·亚当斯（1912—1988）：美国著名漫画家，曾创作漫画作品《亚当斯一家》（*The Addams Family*）。

护作用的胆碱酯酶。因为若是没有提前警告，哪怕是过量使用一点动物内吸杀虫剂也可能导致中毒。

很多有力的证据表明，与我们日常生活更密切的领域正逐步放开对药物的使用。如今，你可以喂你的狗一片药，这片药据说能够使狗的血液中带毒，进而使其免受虱子的困扰。因此，发生在牛群中的危害可能也会发生在狗的身上。就目前看来，还没有人提议研制人类内吸杀虫药物来对付蚊子。或许，这就是下一步要发生的事了。

到目前为止，本章一直在讨论人类跟昆虫做斗争中使用的致命化学物质。那么，与此同时，我们与野草的战争又是怎样的呢？

人们想快速而简便地除掉不需要的植物，催生了一批叫作除莠剂的化学品，或者称作除草剂。关于这些药剂是如何使用以及如何误用的，将在第六章进行讲述。我们现在所关心的是，除草剂是否有毒，它的兴起是否加剧了环境污染。

除草剂只对植物有毒，而对动物没有危害的传说广为流传，但不幸的是，这不是事实。除草剂中的化学成分，不管对植物还是对动物都会产生影响。它们对生物体的效用千差万别：有些是一般的毒药；有些是新陈代谢的强力刺激物，会使动物体温升高而死亡；有些可以单独起作用，也可以跟其他化学品共同作用，会导致恶性肿瘤；有些会引发基因变异，破坏遗传物质。所以，与杀虫剂一样，除草剂也包含一些十分危险的物质，若是误认为它们是"安全的"而随意使用，那么会招致灾难性的后果。

尽管新的化学药物源源不断地从实验室里冒出来，但是，砷化合物还是在杀虫剂和除草剂中被广泛使用，它们通常以亚砷酸钠的形式出现。历史上砷化合物的使用也无法让人放心，用作路旁除草剂时，它们毒死了大量奶牛，还杀死了难以计数的野生动物。

英国大约在1951年开始在马铃薯地里使用含砷农药，这是因为之前用于烧掉马铃薯蔓的硫酸出现了短缺。英国农业部认为，有必要对进入喷过含砷农药的田地的行为加以警示，但是牲畜可看不懂这样的警示（而且，我们也要知道，野生动物和鸟类也看不懂）。关于牲畜因含砷农药中毒的报道屡见不鲜。直到一个农夫的妻子因喝了被砷污染的水而中毒死亡后，英国一些大型化学公司才于1959年停止生产含砷农药，并召回了经销商手中的存货。不久后，英国农业部宣布，由于对人类和牲畜造成严重威胁，决定限制亚砷酸盐的使用。1961年，澳大利亚政府也出台了类似的禁令。然而，在美国没有这样相同的禁令来限制这些毒药的使用。

某些"二硝基"化合物也被用作除草剂。在美国，它们被列入了同类药物中最危险的名单。二硝基酚是一种强烈的新陈代谢刺激物，因为这个功效，它曾一度被当作减肥药使用，但是瘦身剂量与中毒或致死剂量之间的差别太小，所以，一些病人在停药之前就死去了，还有很多人遭受了永久性伤害。

一种与之相关的化学物质——五氯苯酚，有时称作"五氯酚"，它既可以被用作除草剂，也可以被用作杀虫剂，常常被喷洒于铁路沿线和荒地上。五氯苯酚对很多生物都具有很强的毒性，影响范围遍及细菌到人类。跟二硝基一样，它会干扰人体的能量来源，这种干扰通常是致命的，受到影响的生物几乎燃尽了自己的生命。最近，它的可怕毒性在加利福尼亚卫生署报告的一起死亡案例中得到了证实。一名油罐车司机正在用柴油和五氯苯酚配制棉花脱叶剂。在他将这种浓缩化学品从大桶里抽出来的时候，塞子不小心掉在了桶里，他赤手把塞子从桶里捞了出来。虽然他马上就洗了手，但还是因急性中毒，死于第二天。

诸如亚砷酸钠或苯酚类除草剂所造成的恶果不言自明，而另外一些除草剂的影响却隐秘难寻。例如，现在流行的红莓除草剂——氨基三唑（俗称除草强），被认为毒性相对较轻。但是，从长远来看，它可能会引发甲状腺恶性肿瘤，这对野生动物和人类来说影响更大。

在各种除草剂中，有一些属于"突变剂"，也就是说能够改变遗传物质——基因。我们会因辐射导致基因变化而深感震惊，那么，对于我们环境之中广为散播的化学农药所造成的同样后果，我们又怎能漠不关心呢？

第四章　地表水和地下海

水在所有的自然资源之中，已经越发宝贵。地球表面大部分是被海水覆盖着的，然而在大海包围之中，我们依旧感到缺水。这种奇怪的矛盾是因为海水中含有大量的海盐，地球上的大部分的水源不能为农业、工业和人类所利用。因而大部分生活在地球上的人要么就是正在面临着水资源短缺的问题，要么就是即将要面对严重的水资源短缺。在这样一个人类已经忘却自己的起源，无法看到生存的基本需要的时代，水资源和其他的资源已经变成了人类漠然不顾的牺牲品。

我们只能把杀虫剂所造成的水资源污染作为人类对环境的污染的一部分来理解。水资源的污染源有很多种：核反应堆、实验室以及医院排放的放射性废弃物；核爆炸的放射性尘埃；城镇所产生的生活垃圾；工厂排出的化学废料；等等。如今又新添了一种新的沉降物——施用在农田、花园、森林以及原野的化学药剂。在这些令人惊骇的、混杂的化学药剂中，有很多药剂所造成的危害超越了辐射所带来的危害，而且就这些化学药剂自身而言，它们充满着危险性、鲜为人知的反应和转化，以及危害效应的叠加。

自从化学家开始研制那些自然界从未出现过的化学物质之后，水质净化的问题就日趋复杂，水的使用者所要面对的危险也随之增加。据我们所知，合成化学物的大量生产始于20世纪40年代，而到了现在，其生产规模不断扩大，每天都会有大量的化学污染物排入国内的河流之中。这些化学污染物与生活垃圾及其他的废弃物混杂在一起，汇入同一水域之中，污水净化厂通过普通的方法无法检测到它们。很多化学物非常稳定，无法通过普通的处理方法使其分解，甚至常常无法将其识别出来。大量的污染物在河流之中结合，沉积下来，以至于卫生工程师也只

水是生命之源，严重的水污染伤害的不仅是自然本身，还有人类自己。

能将其绝望地称为"黏稠的污秽物"。麻省理工学院的罗尔夫·伊莱亚森教授在一次国会委员会上表示，对这些化学物质的合成效应进行预测或是对混合有机物进行识别是不可能的。他说："我们根本不知道它们是什么，它们对人类的影响如何。我们一无所知。"

各种用来控制昆虫、啮齿动物或者杂草的化学品的施用，现在正日益加剧有机污染物的生成。这其中的一些被有意地投放于水体中，用以消除植物、昆虫幼虫或人类不希望其存在的鱼类，有一些则被喷洒在森林里，人们会在一个州的两三百万英亩的森林上空喷洒农药，只为了对付一种昆虫。喷洒过后，有些农药会直接流入河流之中，还有些会穿过树冠洒落于森林的土壤之上。这些农药随后会和渗透出来的水分一道，开始奔赴大海的漫漫征程。而那些喷洒在农田之上，用来控制昆虫和啮齿动物的数百万磅农药，会借雨水之力，离开地面，被冲刷入河流中，汇入大海，最终可能会大量残留在水体之中。

有一些引人注目的证据表明，这些化学物质在河流中甚至自来水里，都随处可见。例如，用取自宾夕法尼亚州的一片果园中的饮用水样本在鱼身上做实验后，发现其中所含的杀虫剂的剂量足以在4小时之内将试验用鱼全部杀死。当河流流过一块喷洒过农药的棉花田地之后，即使经过净化厂的处理，依旧能够将鱼类杀死。因为有径流流经使用过毒杀芬（一种氯化烃）的田野，亚拉巴马州田纳西河的15条支流中的所有鱼都死了。这些支流中，有两条是当地城市的饮用水水源。在杀虫剂施用一周之后，水中仍然含有毒素，河流下游水箱中的金鱼每天也都有因此死去的。

这种污染绝大多数是难寻踪迹的，不容易被察觉。只有当鱼群以成百上千的数量死去的时候，人们才会对此有所觉察；但是在大多数情况下，这种污染是根本无法检测到的。对水质进行检查的化学家还没有对有机污染物定期进行检查，同样也没办法将其清除掉。不管检测的结果如何，仍旧会有杀虫剂的残留。而且与大规模施用在地表上的其他物质一样，杀虫剂已经侵入了美国的一些主要河流，甚至几乎是全部的河流。

杀虫剂会将我们所有的水域都污染了，对此表示怀疑的人应当去读一读美国鱼类及野生动物管理局发布于1960年的一份报告。这个部门开展了一项研究，目的是为了调查鱼类是否与哺乳动物一样会在体内贮存杀虫剂。研究的首批样本取自西部森林地区，那里为了控制云杉蚜虫，大面积喷洒过DDT。实验结果表明，所有的鱼类体内都含有DDT。当调查人员在距喷洒农药地区30英里①之外的一条小溪中取样，与之前的样本做对比的时候，才收获了真正重大的发现。这条小溪位于之前取样地区的上游，它们之间被一条很高的瀑布分隔开来。这一地区并没有喷洒过农药，但是在这里的鱼的体内还是检验出了DDT。化学物质是通过隐匿的地下河流侵入这条小溪，还是经由空气传播，飘落在溪流的表层的呢？在另外一项对比调查中，在一个鱼类产卵区的鱼类的组织内，还存在有DDT。此地的水来自一口深井。那里同样没有施用过农药。由此看来，地下水可能是唯一的污染途径。

　　在所有的水污染问题之中，想必没有什么能比大面积地下水污染更令人焦心的了。不管在何处，在水里施用杀虫剂一定会污染水质。自然无法做到在封闭和彼此分离的区间中运行，水循环也是如此。雨水降落在地面，透过土壤的细孔和岩石的缝隙向地下不断渗入，越来越深，直到这些地方都充溢着水分。那是一个黑暗之中的地下海洋，它起始于山峰之下，沉没于山谷底部。这种地下水总是在不断运行着：有时速度很慢，一年不过能移动不足50英尺②；有时速度很快，一天之内就能移动0.1英里。它运行于看不见的水系中，直到运行到某处，以泉水的形式喷涌出地面，或者被引入一口井中，但是其中的大部分会成为溪流和河水的补给。除了那些直接汇入河流的雨水和地面径流之外，所有流动在地表之上的水都曾是地下水。因此从一种真实而令人惊骇的观点来看，地下水污染就等于全部水体的污染。

　　由科罗拉多州一家工厂排放出来的有毒化学物质，必定是经由这样的黑暗的地下海，抵达了几英里开外的某片农田，使得那里的井水被

---

① 英里：英美制长度单位，符号 mi。1 英里等于 5280 英尺，合 1.6093 千米。
② 英尺：英美制长度单位，符号 ft。1 英尺等于 12 英寸，合 0.3048 米。

污染，人类和牲畜因此患病，庄稼也被破坏了。当这样令人惊奇的事件发生了一次之后，类似的事情就会接二连三发生。简而言之，水污染的历史就是如此。1943年，建于丹佛附近的军用化工集团——落基山兵工厂开始生产军需物资。8年之后，一家私人的石油公司租借了兵工厂的设备用于生产杀虫剂。但是在开始农药生产之后，奇怪的事情就接连发生：几英里之外的农民开始不断上报自家的牲畜患上了怪病，还抱怨大片大片的庄稼被严重破坏；树叶枯黄，植物停止生长；很多农作物都死了；还有人患病的报告出现。有人认为兵工厂与这些事情脱不了干系。

灌溉这些农场的水取自很浅的井水。经过相关的检验（1959年，有几个州与联邦的机构参与了此项调查），发现井水中含有多种化学残留。落基山兵工厂在生产期间向池塘中排放了多种化学物质，其中包括氯化物、氯酸盐、磷酸盐、氟化物和砷。兵工厂和农场之间的水显然被污染了，这些被污染的水池距最近的农场有3英里之遥，这些污染物质经过7至8年的时间抵达了那里。这种渗透还将会继续，到底受污染的面积有多大，人们不得而知。在控制污染或阻止它推进方面，调查人员一筹莫展。

所发生的一切已经够糟糕的了，但是最令人惊奇、影响最为深远之处在于，某些井水中和兵工厂的池塘中出现了除草剂2, 4-D。当然了，它的发现足以说明为什么灌溉用水会对庄稼造成这样的破坏。但是奇怪之处在于，兵工厂从不生产2, 4-D。工厂的化学家们在长期细心的研究之后得出结论，2, 4-D是在兵工厂的露天蓄水池中自发形成的。其是由兵工厂所排放出的其他物质合成的，蓄水池在空气、水、阳光的作用下，变为一个化学实验室，并生成一种新化学物质，这期间没有化学家参与其中。这种新化学物质会对其所接触到的任何植物都给予致命一击。

科罗拉多州的农场以及其被毁庄稼的故事因此超越了地域的界线，产生了更加广泛的意义。其他一些地方又如何呢？不单单是科罗拉多州，任何受到化学污染的公共水域又会出现什么状况呢？有了空气和阳光的催化作用，湖泊和溪水中那些贴着"无害"标签的化学物，又会生成什么样的新危险物质呢？

确实如此，水资源的化学污染中最令人忧心的地方在于，不论在河流、湖泊、水库，或是你餐桌上的一杯水中，都有合成化学物的踪迹。有责任感的化学家是不会在自己的实验室中合成这样的物质的。美国公共卫生署对于这些自由混合在一起的化学物质之间可能产生的反应惊恐万分。他们担心那些本来毒性相对较小的物质，会大规模转化成有害物质。化学反应会产生于两种或者多种化学物质之间，也会产生于化学物质与放射性废弃物之间，之后以不断增长的速度向河流之中排放。原子在游离辐射的作用下，很容易重新排列，其化学性质会被改变，从而引发无法预计和控制的后果。

当然，除了地下水被污染之外，地表水（溪水、河流、灌溉用水）也难逃厄运。位于加利福尼亚州的图利湖与南克拉玛斯湖国家野生动物保护区就提供了让人忧心的例证。包括俄勒冈州边上的北克拉玛斯湖在内的保护区是整个保护体系的一部分，也许是命中注定，这些区域相互连接，共同分享一个水源，广阔的农田仿佛大海一般，而这些保护区就是散落于大海之上的小岛。这些农田通过排水渠和小河从曾是水鸟天堂的沼泽和开阔水域中引水。

保护区周围的农田的灌溉用水依靠北克拉玛斯湖的湖水。这些水从被它们所灌溉的农田上流过，之后汇合在一起流到图利湖，再从图利湖流向南克拉玛斯湖。整个保护区的水域都是建立在这两大水体的基础之上的，它们是当地农田的排水系统。这一情况对于最近发现的一项研究来说意义重大。

1960年夏，保护区的工作人员在图利湖和南克拉玛斯湖发现了已经死亡和垂死的鸟儿。其中大部分是食鱼鸟类——苍鹭、鹈鹕、鸥。在它们体内，发现了农药残留，经过检测，这些农药包括毒杀芬[①]、DDD[②]以及DDE[③]。湖里的鱼类和浮游生物的体内同样也发现了杀虫剂。保护区

---

① 毒杀芬：一种杀虫剂，为乳白色或琥珀色蜡样固体，能产生兴奋作用，使全身抽搐。
② DDD：又称滴滴滴，既可用作杀虫剂，也可用作农药。
③ DDE：又称滴滴伊，既可用作杀虫剂，也可用作农药。

管理员认为，喷洒于农田的大量农药，经过灌溉用水回到湖区，导致在保护区的水域里，农药残留不断累积。

保护区的作用因为水域的污染而受到极大影响，西部野鸭猎人和热衷于欣赏风景的人都对此大为叹惋，水鸟犹如飘带一般映衬着晚霞，鸣叫声萦绕于天际的美景已经不复存在了。这些保护区对于西部水鸟来说意义重大，因为它们的位置处在太平洋候鸟迁徙路径的汇集处，就像漏斗的细颈一样。每到秋日迁徙的时节，从白令海峡到哈德逊湾的栖息地飞来的野鸭和天鹅，数量大约占飞往太平洋沿岸水鸟数量的四分之三。保护区在夏日为水鸟，尤其是两种濒危物种——红头鸭和红鸭提供了栖身之所。若是保护区内的湖泊和池塘被严重污染，那么西部地区的水鸟将受到毁灭性的伤害。

水为一整条生物链（从浮游生物体内如尘埃般微小的绿色细胞，到小小的水虱，再到以浮游生物为食的鱼，这些鱼又会被其他鱼类或鸟类、貂、浣熊吃掉）提供支持，生命间的循环转换没有穷尽，我们要基于这一点去考虑水的问题。我们知道有用的矿物质也是在食物链之间传递的。我们能否有这样的想法，水中的毒物不会进入大自然的循环链条之中呢？

这个问题的答案可以在加利福尼亚州克里尔湖的惊人历史中找到。克里尔湖位于旧金山市以北约90英里的山区，一直是垂钓捕鱼爱好者的圣地。这里有点儿名不副实，因为整个湖的浅底被黑色的淤泥所覆盖，湖水事实上很浑浊。对于渔民和来这里旅游的人来说，状况有些堪忧，但是对于小小的蚋虫而言，这里为它们提供了良好的栖身之所。虽然和蚊子有着密切的关系，但是蚋虫并不吸血，而且大概从小到大都不吃任何东西。然而与其共享此地的人类却因它们庞大的数量而深感困扰。为此，人们用了各式各样的方法，但是都没有取得良好的效果。直到20世纪40年代，氯化烃作为新式武器现身了。新的一轮攻击中首选DDD，它是一种和DDT关系很近的药物，但是其明显对鱼类的威胁较小。

1949年所采取的措施是经过仔细谋划的，没人会觉得这些措施能带来什么危害。人们勘测了湖水，测定了湖水的容积，所调配的杀虫剂的比例是七千万分之一。一开始，取得了不错的效果，但是时间到了1954年，人们不得不再一次实施这些措施，这一次的比例是五千万分之一。在这些措施之后，人们认为消灭蚋虫的运动彻底完结了。

在随之而来的冬天的几个月里，其他的生物受到影响的迹象出现了：湖上的北美鹏鹏①开始死亡，死亡数量很快攀升到100多只。克里尔湖中有丰富的鱼类，因此北美鹏鹏会在这里繁育、越冬。这种鸟外形美丽，习性优雅，它们在美国西部和加拿大的浅湖上搭建起流动的巢穴。当它们掠过湖面的时候，会将身体压低，昂起洁白的脖颈和黑油油的头部，几乎不会搅动起任何涟漪，它们因此获得了"天鹅鹏鹏"的美称。刚刚破壳而出的雏鸟身上有灰色的软毛，几小时之后，它们就跳入水中，乘着父母亲的背，受到它们的廓羽的庇护，向前行进。

对那些死灰复燃的蚋虫进行第三次打击之后，更多的鹏鹏在1957年死去了。这一次跟1954年的情况相似，在死去的鸟儿身上并没有检测出传染病。但是，当有人提议对鹏鹏的脂肪组织进行分析检测后，大量的DDD被发现了，其浓度大约为百万分之一千六百。

DDD投放入水中的最大浓度为百万分之零点零二，那么为什么在鹏鹏体内DDD会累积到如此令人惊诧的浓度呢？这些鸟儿是以鱼类为食的。当对克里尔湖的鱼儿进行检测之后，整个画面开始变得清晰明了了——最小的生物吞食毒素，毒素不断地累积，之后会传递给体形更大的动物。在浮游生物的体内检测到百万分之五的杀虫剂（大约是水体中药物最大浓度的25倍）；食藻性鱼类体内的浓度大约是百万分之四十到百万分之三百；食肉鱼类体内贮存了大部分毒素。有一种褐色鲇鱼体内的毒素浓度竟然高达百万分之两千五百。与"杰克造的小屋②"类似的故事上演了。在这一链条之中，大型食肉动物吃掉小型食肉动物，小型食肉动物又将食草动物吃掉，食草动物以浮游生物为食，而浮游生物又

---

① 鹏鹏（pìtī）：鸟，外形略像鸭而小，翅膀短，不善飞，生活在河流湖泊上的植物丛中，善潜水，捕食小鱼、昆虫等。

② 杰克造的小屋：出自一首外国童谣 The House That Jack Built。讲述了在杰克建造的小屋里，上演的循环嵌套的故事：老鼠吃麦芽，猫吃老鼠，狗杀了猫……

从水中摄取毒素。

之后又发生了更为离奇的事情：在刚刚投放杀虫剂的水中检测不到DDD。但是这不意味着毒素就消失了，它只是侵入了湖中生物的体内而已。在化学药剂停用23个月后，浮游生物体内仍然含有百万分之五点三的毒素。在近两年的时间里，一拨又一拨的浮游生物繁盛起来又衰退下去，虽然在水中无法寻到毒素的痕迹，但是它不知以何种方式在一代代的浮游生物中传递了下去，而且毒素也会存留在湖中的动物体内。停止施药一年之后，鱼、鸟和青蛙的体内仍旧能检测出药物残留，而且检测出的DDD含量总是要几倍于最初水中的浓度。这些携带毒素的生命体包括：距上一次用药9个月后孵化出来的鱼苗、鸊鷉以及体内毒素浓度超过百万分之两千的加利福尼亚鸥。与此同时，筑巢的鸊鷉也已经大为缩减——从第一次使用杀虫剂之前的1000对降到1960年的30对。虽然仅剩的30对也会筑巢繁育，但是这些都是徒劳的，因为自从上一次使用过DDD之后，湖上就再也没有鸊鷉幼鸟的踪迹了。

由此可见，整个中毒链环的肇始是微小的植物。最开始药物浓缩是发生在它们身上的。但是，处于食物链另一端的人类又要面对什么样的情况呢？对这个过程并不了解的人已经备好了钓鱼的渔具，准备从克里尔湖中钓上几条鱼，最后将收获带回家，美美享受一番。剂量大或者小的DDD的累积会给人类带来怎样的影响呢？

尽管加利福尼亚公共卫生署宣称没有危害，但是在1959年，该局还是明令禁止在湖中使用DDD。鉴于已有科学证据表明这种化学药物能够产生巨大的化学生物效应，这一行为只能称得上是最低限度的安全防护措施了。在杀虫剂中，DDD所产生的生理影响是独一无二的，因为它能够破坏肾上腺的一部分，也就是分泌荷尔蒙激素的肾上腺皮质外层细胞。这种破坏作用早在1948年就被发现了，但是在人们最初的认知中，受害者只局限于狗。因为没有在猴子、老鼠或者兔子身上发现什么问题。然而，DDD在狗身上引起的症状与人类阿狄森患者的病症极为相似。目前，DDD对细胞的破坏力被用于治疗肾上腺部位的一种罕见癌症。

克里尔湖的情况引出了一个公众需要面对的问题：在防治昆虫方面，

使用对生理过程影响巨大的化学物质，尤其是将化学物质直接投放入水体中是否是明智或是值得的？杀虫剂在湖中的食物链中的爆炸性递增的过程表明，使用小剂量的杀虫剂是毫无意义的。这种因小失大的情况大量存在，而且呈增长趋势。克里尔湖只是其中一个典型案例。对于备受蚋虫困扰的人们来说，问题是解决了，但是对于所有从湖里获取食物或饮用水的人们来说，带来了一种难以言明，甚至是无法理解的危险。

在水库中故意投放药物已经成为惯常的行为，这确实是一个令人惊骇的事实。这样做的目的常常是为了娱乐之用，尽管这之后需要花费一些代价去恢复其原本的用途，也就是饮用的用途。当某个地方的渔猎爱好者想要"提升"渔猎环境的时候，他们会说服政府在水里投入药物，这样一来，可以将他们不想要的鱼类杀死，取而代之的是更适合渔猎爱好者的口味的鱼类。整个过程非常怪异，荒诞得如爱丽丝梦游仙境一样。水库的本来功能是为公众供水，但是附近的社群对渔猎爱好者的计划还没有进行了解，就不得不饮用含有药物残留的水，或者付费去消除毒素，然而处理这些东西不是件容易的事。

由于地下水和地表水都已经被杀虫剂和其他化学品所污染，具有致癌性的有毒物质正在侵入公共水源，成为我们所要面对的威胁。美国国家癌症研究所的W.C.休伯博士警告说："在可预见的未来，饮用水污染引发癌症的风险将大大增加。"实际上早在20世纪50年代的一项研究也表明，水污染可能致癌。那些以河流为饮用水源的城市，癌症死亡率要比那些以井水这样受污染较少的水体为饮用水源的城市要高。存在于自然界中的砷已经确认是最可能致癌的物质，在因水污染而引发的大量癌症的历史事件中，它的身影已经出现两次了。其中一次是事件中的砷来自矿场的矿渣堆；另一次事件中的砷来自含砷量很高的天然岩石。若是大量使用含砷杀虫剂，那么上面提到的事件会很容易重演。土壤遭受污染之后，紧接着雨水会将一部分砷带入河流、水库以及浩瀚的地下海洋。

我们在这里又一次得到了警示：自然界中，没有孤立的事物存在。为了更加清楚透彻地了解我们的世界所受到的污染，我们必须要转向地球的另一种基本资源——土壤。

第五章　土壤王国

　　如补丁一样覆盖在大地之上的这层薄薄的土壤，其分布决定着人类和生活在陆地之上的其他动物的生存。陆地上的植物若是离开了土壤就无法存活；而若是没有了植物，动物也就无法存活。

　　要是说我们以农业为基础的生命全依靠土壤的话，那么土壤同样也依赖着生物。土壤的起源和自身特性的保持都和动植物有着紧密的关系。因为从某种程度上来说，是生命创造了土壤，土壤产生于很久之前生物和非生物之间的相互作用。它的原始材料是由火山喷发所带来的；河水流过裸露的岩石，冲刷着质地最为坚硬的花岗岩；冰霜将岩石凿裂，最原始的成土物质因此而形成。紧接着生物开始施展魔法，无生命的物质逐渐变成了土壤。岩石的第一层覆盖物——地衣，利用其自身所分泌的酸性物质促进了岩石的分解，同时也为其他的生命提供了栖身之所。原始的土壤是由地衣的碎屑、微小昆虫的外壳、海洋动物的残骸共同形成的。苔藓在土壤的微小空隙里，顽强地驻扎下来。

　　生命不单是土壤的创造者，还是土壤中丰富多样的生物的孕育者。如果没有这些，土壤将变得贫瘠且毫无生气。正是因为生命的存在和活动，土壤之中的丰富多样的生物才能为地球织就一件绿色的外衣。

　　土壤处在不断变化之中，其处于没有起点也没有终点的无限循环的过程。岩石的风化分解、有机物质的腐烂、氮和其他气体随雨水从天而降的时候，土壤中都会被引入新的物质。同时，某些物质被另外一些生物暂时借走了。精妙而意义重大的化学变化无时无刻不在上演着，将来自空气和水中的成分转化成有用的物质。生物体在这些化学变化中扮演着活性剂的作用。

　　研究生存在黑暗的土壤王国之中的数量巨大的生物是一件有意思的事情，但是也最容易被人视而不见。我们对土壤中有机物之间的关系，它们和土壤及地面世界的关系这些方面不甚了解。土壤之中，可能最基本的是一些最微小的生物——肉眼看不见的细菌和丝状的真菌。关于它们的数字都是天文数字。一小勺表层土里面可能包含有数以亿计的细菌。虽然它们的体积很微小，但是在1英亩肥沃土壤中的1英尺厚的表层土里，细菌的总重量可达1000磅。细长、丝状的放线菌虽然在数量上比不上细菌，但是因为体积比较大，在同等重量的土壤中，放线菌的总体重量和细菌差不多。这些菌类和被称为藻类的绿色细胞一道，构成了土壤之中的微植物的世界。

细菌、真菌以及藻类是造成腐烂的主要媒介，它们将动植物的残骸还原成矿物成分。要是缺失了这些微植物，各种元素参与的庞大循环系统（例如碳、氮在土壤、空气和生物组织中的运动）就没办法进行下去。比如，要是没有固氮菌的存在，即使植物处在含氮丰富的空气中，也会因缺氮而死亡。其他生物可以释放二氧化碳，像碳酸一样，二氧化碳起到分解岩石的作用。其他存在于土壤中的微生物也能发挥氧化和还原作用，在它们的作用下，一些矿物质如铁、锰和硫等变得更容易被植物所吸收。

除此之外，土壤中还有数量巨大的微小的螨类，以及叫作弹尾虫的原始无翅昆虫。虽然它们体形微小，但是在分解枯枝败叶，将林中地面上的碎屑转化为土壤方面扮演着重要的角色。这些微小的动物自身的特性让人难以置信。比如只有在云杉掉落的针叶中，某些螨类才能生存下来。它们藏在针叶中，将针叶的内部组织给消化掉。当它们处理完毕之后，针叶就只剩下一具空壳了。土壤和林地中的一些小昆虫在处理数量巨大的落叶方面有着令人惊叹的成果。这些小昆虫会将叶子濡湿变软，之后再进行消化，这样一来，就加速了所分解的物质和地表土壤之间的混合。

当然，除了这些体形微小、忙碌不停的生命体之外，还存在许多大型生物，因为土壤涵养着从细菌到哺乳动物的全部生命：其中一些是地下世界的永久居民；有的则处在冬眠之中，或者处于生命的某一阶段；有些则自由穿梭于洞穴与地面世界。总而言之，正因为这些动物生活于此，土壤才能更加透气，并且促进水在植物生长层的排泄与渗透。

蚯蚓可能是所有体形较大的土壤生物中最重要的一种。查尔斯·达尔文在大约75年前出版了一部名为《腐殖土的形成、蚯蚓的作用和习性观察》的著作。世人得以在他的这部著作中对蚯蚓在运输土壤方面所起到的作用有所了解。蚯蚓从地下搬出的沃土逐渐将地表上的岩石覆盖住，在大部分条件适宜的地方，1英亩土地上每年都能被蚯蚓从地下搬出很多吨沃土。与此同时，存在于树叶和杂草中的大量有机物被拖入洞穴之中与土壤混合，这些有机物的含量为6个月的时间内每平方码①约20磅。若是按照达尔文的估算，通过蚯蚓的不懈劳作，土壤的厚度在10年后会增加1到1.5英寸②。而且这不是它所做的仅有的贡献：土壤因为蚯蚓所挖掘的洞穴而得以保持空气的流通和良好的排水性能，还能促进植物根系的生长。另一方面，因为有蚯蚓的存在，细菌本身的固氮能力也随之增强，这样可以降低土地退化的概率。有机物通过蚯蚓的消化道时被其分解。借助着蚯蚓的排泄物，土壤变得更为肥沃。

土壤是由相互交织的多种生命体所组成的，在这里，每一种生物总是通过某种方式和其他生物相互连接——生物依赖着土壤，但是也因为这些存在于土壤之中的生物的兴盛，才使得地球上的土壤成为必不可少的部分。

然而这个与我们关系如此紧密的问题却一直不被关注：不管是作为"杀菌剂"被直接灌入土壤，还是雨水透过树冠、果园和农田的时候碰巧带来了致命的污染，当化学毒药侵入土壤后，这些数量巨大、意义非凡的生物会因此受到什么样的影响呢？假设我们用广谱杀虫剂来杀灭一种破坏庄稼的昆虫的幼虫的同时，还能保证其不会杀灭那些能够分解有机物的益虫，这种设想合理吗？又或者，我们可以施用一种非专属性的杀虫剂而不会将那些能够促进植物吸收养分的根部真菌一并杀死吗？

一个明显的事实是，这样一个极为重要的生态学课题在很大程度上被科学家所忽视，防治人员对这一课题更是毫不在意。昆虫的化学防治是基于这样一种假设，也就是土壤能在任何毒物的侵袭之下，默默忍受，不会对此进行反抗。土壤王国的本质完全被视而不见了。

通过现有的少量的研究，我们能看到一幅关于杀虫剂对土壤影响

---

① 平方码：英美制地积单位，符号 yd²。1 平方码等于 0.8361 平方米。
② 英寸：英美制长度单位，符号 in。1 英寸等于 1 英尺的 1/12，合 2.54 厘米。

的画卷正在慢慢铺展开来。这些研究结果并不一致，这不足为奇，因为土壤类型多种多样，能够对这样一种土壤造成破坏的，对另外一种土壤来说可能毫无影响。比起腐殖土，轻质沙土遭受的破坏更大。若是把化学药物混用，那么要比将其单独使用有更大的危害。尽管研究结果有所差异，但是已经有明确的证据证明危害确实存在，这一点就足以使科学家们担忧了。

在这样的条件下，处于生物世界核心位置的化学转化已然受到了影响。将大气中的氮转化成可供植物利用的形态就是例子之一。硝化作用会在除草剂2, 4–D的影响下暂时中断。最近佛罗里达州的几次实验表明：林丹①、七氯以及BHC（六氯联苯）会在使用两周后，减弱土壤中的硝化作用；农药被施用一年之后，BHC和DDT依旧会有危害性。在另外一些实验之中，BHC、艾氏剂、林丹、七氯以及DDD都会阻碍固氮菌生成豆科植物所必备的根瘤。真菌与高等植物之间奇妙而有益的关系也已遭到了严重的破坏。

自然界通过生物数量的精妙的平衡，达成了深远的目标，令人忧心的问题是，有时候这种平衡机制会被干扰。由于杀虫剂的施用，土壤中的某些生物的数量会减少，而另一些生物的数量会攀升，这样一来，捕食关系就会被打乱。土壤本身的新陈代谢会被这类原因轻易改变，它本身的生产力也会受到影响。这样的变化还意味着之前那些受到抑制的有害生物，会从自然的控制中逃逸，它们的数量会爆发式地增长。

我们需要注意的重点是，土壤中的杀虫剂会在土壤之中存留很长时间，这个时间不是几个月而已，而是好几年。艾氏剂在使用4年后依旧能被检测到，其中一部分为少量的残留，更多的部分已经转化为狄氏剂。用毒杀芬来杀灭白蚁，10年后其仍然存留在沙质土壤中。六氯化合物可以在土壤中至少存留11年之久；七氯或一种毒性更强的化学物则至少能残留9年。在使用12年后，氯丹的影响依然存在，其残留量占施用量的百分之十五。

看起来似乎剂量适度的杀虫剂，在历经几年时间之后，会在土壤

---

① 林丹：γ-六氯环己烷，俗称 γ-六六六，进入机体后主要蓄积于中枢神经和脂肪组织中，能使脏器营养失调，发生变性坏死。

中累积到惊人的浓度。氯化烃的持久性使得每一次喷药行为之后，药物量都会在上一次的基础上增加。若是反复施药，那么"1英亩地使用1磅DDT是无害的"这样的古老传说就是句空话了。科学家在种植了土豆的农田中发现每英亩含有高达15磅DDT，而在玉米地，这个数值达到了19磅。根据研究所得，一片蔓越橘沼泽地中每英亩含有的DDT为34.5磅；这个数值在苹果园的土壤中攀上了高峰，那里DDT累积的速度几乎与每年的使用量同步增长着。在果园中，如果一个季节里被喷洒4次或更多次的农药，那么DDT的残留量会增加30到50磅。如果多年反复喷洒药物，果树之间的土壤之中，DDT每英亩的含量在26到60磅之间；而果树下面的土壤中的含量竟高达113磅。

砷污染是土壤永久性污染中的典型案例。虽然自20世纪40年代中期以来，含砷喷剂被有机合成农药取代，用来喷洒烟草植物，但从1932到1952年，美国香烟中的砷含量仍然增加了百分之三百以上，这之后的调查研究显示，砷含量竟然增加了百分之六百。砷毒理学权威亨利·S.萨特利博士说，虽然砷剂基本上被有机杀虫剂所取代了，但是烟草植物还是会继续吸收着毒素，由于烟草种植园中的土壤里残留有高含量、不易溶解的毒素——砷酸铅，它会持续释放可溶性砷。萨特利博士说，烟草种植园的土壤正经受着"累积的、几乎永久性的污染"。地中海东部的国家没有施用含砷杀虫剂，因而在那里的烟草中，没有发现砷含量的增加。

这样，我们就面临着第二个问题。我们不能只关切土壤的情况，还要去了解在受污染的土壤中，到底有多少农药被植物吸收了。农药的吸收率在很大程度上取决于土壤和作物的类型，以及杀虫剂的特性和浓度。含有较多有机物的土壤比其他类型的土壤所释放的毒素要少。萝卜比其他的作物更能吸收毒素。如果施用林丹的话，那么存在于萝卜内部的毒素含量要高于土壤中的含量。将来，在播种某种作物之前，我们必须先分析一下土壤中杀虫剂的含量。不然的话，即使是那些作物没有被喷洒过农药，依旧会从土壤中吸收大量的杀虫剂，从而变得不宜上市出售。

此类的污染所引发的问题简直无穷无尽。起码有一家婴儿食品的主要生产厂家一直不愿意使用喷洒过杀虫剂的水果和蔬菜。制造麻烦的化学品是BHC，植物的根系和块茎会吸收这种物质，并产生霉变的味道。

在两年前曾经施用过BHC的农田，其所产出的甘薯因为农药残留而不得不被弃用。有一年，一家公司在南加利福尼亚州签署了一份甘薯供应合同，最后却因为发现那里的土地被大面积污染了，这家公司只好重新在市场上购进原料，这造成了巨大的经济损失。在过去的几年里，很多州种植的各种水果和蔬菜都被丢弃了。其中最让人烦心的就是花生的问题。在南部的几个州，花生常常与棉花轮作，而在棉花种植的过程中会喷洒大量的BHC，因而之后种植的花生会大量吸收这些杀虫剂。实际上，很少剂量的BHC就会催生霉臭味和怪味。BHC会侵入花生的内部组织中去，而且无法被消除。即使进行处理，也没办法将霉味消除干净，有时甚至还会增强这种霉味。对于生产厂商来说，唯一消除残留的办法就是——弃用喷洒过农药或是生长于受污染土地之上的农作物。

有时危害是指向农作物本身的，只要是土壤中含有杀虫剂，那么这种危害就会持续。有些农药会对敏感的植物造成影响，阻碍其根系的成长或者是抑制幼苗的发育，比如豆子、小麦、大麦或者黑麦。华盛顿州和爱达荷州的啤酒花种植者们就经历过这类事情。1955年春天，因为大面积的啤酒花的根部遍布着象鼻虫幼虫，这里的人们开始了声势浩大的治理运动。在农业专家和杀虫剂厂家的建议下，人们选择用七氯作为防治武器。在施用七氯不足一年的时间内，喷洒过药剂的园子里的藤蔓枯萎死去了。而那些没有喷洒过七氯的地方却安然无恙。喷洒过农药的地方和未喷洒农药的地方可谓是泾渭分明。于是人们不得不斥巨资在山坡上重新种上植物。但是到了第二年，新发出的幼苗又死掉了。这片土地在4年后依然存留有七氯，而这些毒素会残留多久，科学家也无法对此做出预测，他们也提不出任何好方法去改善状况。直到1959年3月，联邦农业部门才发现不能用七氯作为啤酒花的防治武器，才撤销了之前的建议，但是为时已晚。啤酒花的种植者们只能通过打官司获得一些赔偿。

杀虫剂依然在继续使用，顽固的农药残留依然在土壤之中累积。我们正自寻烦恼，这一点毋庸置疑。1960年，一群专家在思尔卡思大学讨论土壤生态时，达成了一致意见。专家对使用化学品和辐射这两种"强有力而人类却知之甚少的工具"所带来的危害进行了总结：对人类而言，错误的举动可能会导致土地生产力的毁灭，最终地球会被昆虫所接管。

第六章　地球的绿色斗篷

　　水、土壤和地球的绿色斗篷——植物所共同构成的世界养育着地球上的动物。尽管现代人很少能意识到这一事实，若是没有植物利用太阳能制造人类赖以生存的基本食物，那么我们将无法生存。事实上，我们对待植物的态度是极其狭隘的。如果我们知道某种植物的任一直接效用，那么我们就会去种植它。如果我们认为某种植物不合我们的心意或者可有可无的话，那么它们可能会立马面临灭顶之灾。除了各种各样对人或者牲畜来说具有毒性或者会阻碍庄稼的生长的植物之外，还有很多植物会被摧毁，仅仅出于我们狭隘的观点，认为它们碰巧在错误的时间出现在了错误的地方。还有许多其他植物惨遭毒手的原因，是它们碰巧跟那些人类想要除掉的植物生长在一起。

　　地球上的植物是生命之网的组成部分之一，其中植物与地球、植物与植物，以及植物与动物之间都存在既紧密又重要的关系。有时候我们没有其他的选择，只能破坏这些关系，但是我们在这么做的时候要相当谨慎，要充分考虑若是这样做，在时间和空间上所带来的远期后果。然而，当今兴盛的除草剂行业却不会如此谦卑，我们所能看到的只有除草剂类化学品暴涨的销量和日益广泛的用途。

　　我们对自然景观已经造成了很多破坏，西部地区的山艾①就是其中一例。为了培育草场，那里的人们在进行一场大规模的战役来除掉山艾。若是在采取一项行动前要有一些历史感和自然知识的话，那么这就是最好的例证。这片景观是各种力量相互作用的生动体现，它就像在我们面前打开一本书，我们可以通过阅读知晓为什么它呈现出现在的样子，以及为什么我们要保持它的完整性。但是遗憾的是，人们并没有去

---

① 山艾：也称鼠尾草、洋苏草，茎叶细长，叶子呈长椭圆形，叶柄长，花为浅蓝或紫色。

阅读它。

这块山艾地带是由西部高原和山脉的低矮斜坡构成的，几百万年前，这块土地是由落基山隆起的山脉形成的。这是一块有着极端气候的土地：冬季漫漫，暴风雪从山上倾泻而下，地面上积着很厚的雪；夏日降雨极少，烈日炎炎，土地龟裂，干燥的风带走了树叶的水分，使得树干变得干瘪。

在自然演化的过程中，一定是历经了长时间的反复试验和试错，植物才最终成功占据了这片大风呼啸的高原地带。历经了一次又一次的失败之后，终于有一种植物进化出了在这里生存所需的全部特性。低矮的灌木山艾能占据这个山坡和高原，是因为它能够借助灰色的小叶子来锁住水分，防止水分被干燥的疾风带走。这绝对不是偶然的，正是大自然的长期选择，才使山艾成了西部大平原的王者。

动物也跟植物一样，适应着这片土地的苛刻要求不断进化着。跟山艾一样，有两种动物完美、及时地适应了这片栖息之地。其中一种是哺乳动物——敏捷优雅的叉角羚[①]，另一种是鸟类——艾草松鸡[②]，它是路易斯和克拉克的"平原之鸡"。

山艾与松鸡似乎是绝配。松鸡的活动范围与山艾的生长范围一致，松鸡的数量随着山艾生长面积的缩小也在不断减少。对于生活在这片平原之上的松鸡来说，山艾就是它的一切。山麓地带的低矮山艾遮蔽着松鸡的巢穴和幼雏，山艾长势更为茂密的地方为它们提供了游戏和栖息之所。山艾也是松鸡的主食。然而，这是一种双向的关系。松鸡特别的求偶方式疏松了山艾下面和周边的土壤，这样一来，有利于在山艾庇护下生长的杂草。

叉角羚同样适应了山艾。它们是平原上的主要动物，冬天第一场大雪来临之时，那些曾在山间度夏的叉角羚向低处迁徙，那里的山艾为它们提供了越冬的食物。当其他植物的叶子都已凋零的时候，山艾依旧

---

① 叉角羚：分布于北美洲，因其在角的中部角鞘有向前伸的分支，故名。体形中等，视觉敏锐，奔跑速度快，非常机警。
② 艾草松鸡：北美洲最大的松鸡。喙短，呈圆锥形，不善飞，但善于行走和掘地寻食。

保持常青，它的灰绿色叶片稍有些苦，还带着淡淡的草香，含有丰富的蛋白质、脂肪以及其他必需矿物质，山艾叶子紧紧聚集在一起，生长在浓密的枝头上。尽管雪积了很厚，但是山艾的顶部依然露在外面，或者羚羊用它锋利的蹄子刨两下就能找到。同样，松鸡也靠山艾越冬，它们会在裸露的、被风扫过的岩架上搜寻山艾，或者跟随着羚羊，在羚羊刨开积雪的地方觅食。

其他动物也指望着山艾，如长耳鹿就经常以它为食。对于越冬的食草牲畜来说，山艾就意味着生存。它几乎是这里的牧场羊群的唯一食物来源。一年中有半年的时间，它们的主要草料就是山艾，山艾中含有的能量甚至要高于干苜蓿。

在这片高寒地区，山艾的紫色残体、矫健的野生羚羊以及松鸡共同构成了一个完美的自然平衡系统。是这样吗？情况并非如此，至少在人类试图改进自然规律的广阔地区不是这样的。土地管理者在进步的名义下，要去满足牧场主们贪婪的要求。他们需要的草场是没有山艾的草场。草和山艾混生或者在山艾的庇护下生长，这是自然选择的结果，而现在人们却要将山艾清除掉，想要打造一片完整的草场。鲜有人会问，在这片土地上，草场是否能稳定且合乎要求？显而易见，大自然对此持否定答案。这片土地每年的降雨量不足以供养优质草皮，反而更适合在山艾荫蔽之下的多年生丛生禾草。

但是清除山艾的计划已经进行了很多年，一些政府机构表现得相当积极；工业部门也热情满满地参与进来，为了促进草种销量，扩大各种耕种和收割机械的市场。人类还新增了一件武器——化学喷剂。如今，每年都会对数百万英亩的山艾喷药。

结果怎么样呢？清除山艾、种植牧草的结果基本上可以推测出来。对于深知这片土地习性的人们来说，牧草与山艾混生的效果要比单独种植牧草要好，因为山艾能够涵养水分。

显然，即使这项计划暂时取得了成功，但是紧密联系在一起的生命之网已经被撕裂了。羚羊和松鸡会随着山艾一并消失，鹿群也会受到重创，这片土地会因为野生动植物的毁灭而变得更加贫瘠。即使那些在这项计划中受益的动物也会遭到损害，因为没有了山艾、灌木以及高原上的其他植物，夏日里茂盛的绿草不足以支撑羊群撑过冬日的风暴。

这些只是首要的、明显的影响。其次就是与逼近自然的那把"猎枪"有关的影响：喷洒农药也会毁灭很多非预定目标植物。法官威廉·道格拉斯在他最近的著作《我的荒野：东至卡塔丁》中讲述了美国林业局在怀俄明州布里杰国家森林中造成生态破坏的惊人案例。迫于牧民们要求更多牧场的压力，林业局在大约1万英亩的山艾地带上喷洒了药物。不出所料，山艾被消除了。但是沿着弯弯曲曲的小溪边生长的柳树也被完全毁灭。麋鹿生活在柳树林中，它对麋鹿的意义就像是山艾之于羚羊一样。河狸之前也生活在这里，它们以柳树为食，并将柳树枝折断，在溪水上建造颇为牢固的堤坝。在河狸的辛勤劳动之下，一个湖泊形成了。生长在山涧里的鳟鱼，极少能长到6英寸长，但是在这片湖泊中，它们竟然长到5磅重。水鸟也被吸引而来。因为柳树和依靠它们生存的河狸，把这里变成了一个极具吸引力的钓鱼打猎的乐园。

但是在林业局的"改进"措施之后，柳树也与山艾一样，步上了

山艾被草场所取代，人类出于自身好恶和利益的选择可能会对生态平衡造成不可挽回的伤害。

死亡之路——被正义的喷剂杀死。当道格拉斯法官在1959年（也就是喷洒农药的那一年）来这里访问的时候，被眼前枯萎的、垂死的柳树所震惊，这简直是"巨大的、难以置信的破坏"。麋鹿会遭遇些什么？河狸和它们创造的小世界又会如何？一年后，他再次造访，想要在破败的景象中寻找答案。麋鹿消失了，河狸也踪迹全无。由于没有技术娴熟的建筑师的打理，大部分大坝消失不见了。湖泊也干涸了。找不到一条大个儿的鳟鱼。像细线一样的溪流在贫瘠燥热的土地上流过，大鳟鱼无法在这样的溪流中生存。这个世界已经被破坏了。

除了每年有超过400万英亩的牧场被喷洒农药外，其他类型的土地出于控制杂草的目的，也可能或者已经被化学药剂处理过了。例如，有一片比新英格兰地区还要大的土地（约5000万英亩）正处于公共事业公司的管控之下，这里大部分的土地每年都会进行"灌丛防治"。在西南地区，约有7500万英亩的牧豆树需要用一些方法处理，这其中最受推崇的就是化学喷剂的方法。一片不为人知但面积很大的木材产区被喷洒了药剂，目的是在抗药性更强的松柏中"清除"阔叶硬木。自1949年以来的10年内，被除草剂处理过的农田面积增加了一倍，到了1959年已经达到了5300万英亩。而私人草坪、公园和高尔夫球场加起来的数目肯定是个惊人的数字。

化学除草剂是一种炫目的新式玩具。它们以一种惊人的方式发挥效用，给人一种凌驾于自然的力量，至于那些长期的不是那么明显的影响，很容易被当成悲观主义者的臆想而遭到漠视。"农业工程师们"满怀热情地吹嘘"化学耕种"，宣称犁头将被喷雾枪取代。成百上千个社区的管理者乐于听从化学农药的销售人员和热情的承包商的话，而承包商则宣称可以收取一定的费用铲除路边的灌木。他们说用这种办法要比割草便宜。或许当其以整洁漂亮的数据出现在官方文件中确实如此。然而，真正的成本不仅仅是以美元计算的，我们还需要考虑其他很多弊端，大规模的化学品广告会产生更多的巨额费用，还包括对环境以及各种生物造成的长期而深远的破坏。

拿被商家所重视的游客评价来举个例子。曾经美丽的路边风景被化学喷剂严重破坏，蕨类植物、野花和浆果点缀的灌木丛被一片枯萎、焦黄的植被所取代，反对化学除草剂的使用的呼声日益增长。新英格兰地区的一位妇女气愤地向报纸投稿说："我们正在将道路两旁变成一个肮脏、阴郁、死气沉沉的地方，我们为宣传这里的美景花费了那么多钱，这可不是游客们想要看到的。"

1960年夏天，来自各州的环保人士齐聚缅因州一个宁静的小岛上，一道见证了国家奥杜邦学会主席米利森特·宾汉的演讲。演讲的主题是保护自然景观以及各种生物包括从细菌到人类交织而成的生命之网。但是，所有来宾所谈论的都是对道路两旁的风景遭到破坏的愤怒。以前，穿行在四季常青的森林中是件令人愉悦的事情，路旁是杨梅、香蕨木、赤杨和越橘，而现今只是一片灰突突的荒芜之地。一位环保人士写下了8月游览缅因州的情景："返回之后，我对缅因州道路两旁的萧索景象感到愤怒。前几年这里的高速公路两旁遍布着野花和美丽的灌木，但是现在只剩下一英里又一英里的枯枝败叶……从经济角度看，缅因州能够承受失去游客的损失吗？"

而在全国范围内，打着路旁灌丛防治旗号的无意识破坏活动正在推行。缅因州仅仅是其中一例，不过对于我们这些深爱缅因州风景的人，这是一件尤其令人痛心的事情。

康涅狄格州植物园的植物学家宣布，对美丽的灌丛和野花的破坏已经达到了"危机边缘"。杜鹃、月桂、蓝莓、越橘、荚蒾、山茱萸、杨梅、香蕨、低糖楝、冬青树、野樱、野李子在化学药剂的攻击之下奄奄一息，雏菊、黑眼苏珊花、安妮女王花、秋麒麟草以及紫菀也已经枯萎。这些植物曾经给这里的风景带来了优雅与美丽。

喷药计划不仅考虑不周，还存在滥用的情况。在新英格兰南部的一个镇子，一位承包商在完成自己的工作之后，将药桶中剩余的农药全部倾倒在路两旁，但是这里并没有被授权允许使用农药。道路两旁原本长着漂亮的紫菀和秋麒麟草，值得人们远道前来欣赏，而农药被倾倒在这里之后，这一社区就失去了蓝金掩映的美丽秋日道路。在新英格兰的另一个社区，另外一个承包商在公路局不知情的情况下，私自改变了喷洒标准，把农药从规定的最高4英尺的喷洒高度提高到8英尺，结果留下了一道很宽的、斑驳的褐色痕迹。在马萨诸塞州的一个社区，城镇官员从一个热情满满的化学品销售人员手中买了一种除草剂，却不知道这种除草剂中含有砷。在路两旁喷洒之后的结果之一就是引起了十几头奶牛中毒死亡。

1957年，沃特福德镇将除草剂喷洒在道路两旁之后，康涅狄格植物园中的树木受到了严重的伤害。即使那些没有被直接喷药的大树也难以幸免。虽然这正是春天生长的季节，但是橡树的叶子开始卷曲并枯萎了。接着新的树枝由于生长异常迅速，全都垂了下来。两个季节之后，大一些的树枝都死去了，其他树枝上的树叶也凋落了，整片树林扭曲、衰败的景象一直持续下去。

我很清楚地知道有一段路，那里的自然景观中有大量的赤杨、荚蒾、香蕨和刺柏，随着季节的变换，娇艳的花朵散发出不一样的芳香；秋日来临的时候，一串串的果实仿佛宝石一般挂在枝头。这条路没有什么交通压力，几乎没有灌木丛会在急转弯和交叉口阻碍司机的视线。但是在喷药人员接管这条路之后，这里几英里的景色不再为人们所留恋了。人们总是快速通过这里，对这种情景默默忍受，在内心无限悔恨：正是我们自己让技术人员造成了这样贫瘠而丑陋的景象。很多地方政府疏于监管，在严密的系统防治下还遗留了片片绿洲。而正是和这些遗留下来的绿洲相比，道路两旁被损毁的景象越发令人难以接受。在这里，看到随风飘动的白色三叶草，或者成片的紫色野豌豆花，还有随处可见的如火焰杯一般的百合花，都会让我们精神为之一振。

而这些对于销售和施用化学除草剂的人来说，都是些"杂草"。在杂草防治会议（如今已成为常规机制）的某一卷会议记录中，我看到了一篇关于除草哲学的奇谈怪论。这篇文章的作者坚持认为将有益的植物杀死是正确的，他为此辩护说"仅仅因为它们生长在一起就是有害的"。他说那些反对将路边的野花杀死的人让他想起了反对活体解剖的人，"若是按照他们的观点来判断，一只流浪狗比孩子们的生命更为神圣"。

对于这篇文章的作者来说，我们中间的许多人毫无疑问是性格扭曲的。因为我们更偏爱野豌豆、三叶草和百合花的那种脆弱的、转瞬即逝的美，却对那些路边的灌木丛和蕨木提不起兴趣来，因为那些灌木丛就像经历了大火一般，变得枯黄脆弱。曾经的蕨类将骄傲的花边高高昂起，现在却垂下了头，干黄枯萎。我们竟然能够容忍这样的遍布"杂草"的情景，丝毫不为清除它们而感到高兴，也没有因为人类又一次战胜了邪恶的自然而满心狂喜，真是叫人吃惊。

法官道格拉斯说到他曾经参加过的一个联邦专家会议，在会议上，专家讨论了上章提到的居民抗议对山艾喷洒农药的事情。他们认为，一位老太太反对消灭野花是极为可笑的。"就如同牧场工人寻找牧草、伐木工寻找树木一样，她寻找一株萼草或者虎百合难道不是一种不可剥夺的权利吗？原野给予我们的美学价值与山脉中的铜矿和金矿以及山上的林木一样多。"这位仁慈而有洞察力的法官说道。

当然，除了审美方面的原因，保护路边植被还有更多的价值。在自然界中，自然植被有着不可或缺的地位。乡村公路和绿化带旁的树篱和毗邻的田野为鸟类提供了食物、遮蔽和筑巢的地方，它们为很多小动物提供了栖身之所。仅就美国东部地区的约70种典型的路边灌木和藤蔓植物而言，其中65种是野生动物的重要食物。

这些植被还为很多野蜂和其他传粉昆虫提供了栖息之地。人类通常比他们能意识到的更为依赖这些野生传粉动物。甚至连农妇也对野蜂的价值知之甚少，因而常常参与消灭野蜂的行动。一些农作物和许多野生植物部分或者完全依赖当地昆虫来传播花粉。能够为农作物传粉的野蜂多达几百种，仅就紫花苜蓿一种，就有100多种野蜂为它们传粉。若是没有这些昆虫授粉的话，在旷野里生长的能够保持、滋养土壤的植物就会死掉，进而对整个地区的生态产生深远影响。森林和牧场中的许多野草、灌丛和树木都要依靠当地的昆虫授粉才能繁殖。若是没有了这些植物的话，很多野生动物和牧场牲畜将没有食物可吃。现今精耕法和化学品正在将树篱和野草毁掉，授粉的昆虫没有了避难所，生命之间的链条也被割断了。

正如我们所知，这些昆虫对我们的农业和风景都是至关重要的，值得我们对其加以保护，而不是肆无忌惮地破坏它们的栖身之所。蜜蜂和野蜂对某些"野草"依赖性很强，因为它们的花粉能够为幼蜂提供食物，例如秋麒麟草、芥菜和蒲公英等。在苜蓿开花之前，野豌豆花为蜜蜂提供了必要的食物，帮助其度过春荒季节。而到了秋天，没有了其他食物来源，它们就会依靠秋麒麟草为冬天贮藏能量。在大自然精确巧妙的时间安排之下，在柳树开花的时候，每天都会出现一种野蜂。能够知晓这些道理的人不在少数，但是遗憾的是，这些人中并不包括那些在这些地区铺天盖地喷洒除草剂的人。

那么，那些本该懂得保护野生动物栖息地价值的人又在哪里？他们中的太多人在为除草剂做"无害"的辩护，因为在他们看来，相比杀虫剂，除草剂对野生动物的危害要小得多。所以，他们声称除草剂没有造成什么危害。但是，除草剂随着雨水进入森林、田地、沼泽和牧场后，会产生巨大的影响，甚至对野生动物的栖息地造成永久性破坏。从长远来看，将野生动物的栖息地和食物毁掉要比将它们直接杀死更加糟糕。

对路旁和公用地进行全面化学进攻具有双重讽刺的意味。这些举措会导致适得其反的效果：已有经验表明，全面施用除草剂并未能永久控制路边的灌丛，因为需要年复一年不断喷洒。更加讽刺的是，尽管我们知道采用选择性喷药的方法更为妥善，这么做就能实现对植被的长期控制，而不需要全面反复喷药，但是我们对此执迷不悟。

对路边灌丛进行防治的目的不是将除了青草之外的所有植物都给清除掉，而是将那些会对驾驶员的视线造成阻碍或者对公路线缆造成阻碍的高大的植物给清除掉。一般来说，高大的植物就是树。大多数低矮的灌木植物不会带来威胁，更别说蕨类植物和野花。

选择性喷药是弗兰克·艾戈勒在美国自然历史博物馆担任公路灌丛防治建议委员会主任时提出的。这一方法利用了自然的内在稳定性，因为大部分灌木植物可以抵抗树木的侵袭。相较而言，草地更容易被树苗侵袭。选择性喷药的目的不是为了在路边培植草地，而是通过直接处理高大的树木，从而保护其他的植物。一次选择性喷药可能就够了，如果遇到比较顽固的植物，可以再追加。这样做的话，既能实现灌丛的防治，高大的树木也不会卷土重来。所以，效果最好、最廉价的植被防治不是通过化学药品，而是通过其他植物来实现的。

这种方法已经在美国东部很多地区做过试验了。结果显示只要处理得当，那么一个地区的植被就能维持稳定的状态，之后的20年内不需要二次喷药了。喷药通常可以由喷药人员背着喷雾器步行完成，这样可以实现对喷嘴的完全控制。有时候，也可以在卡车的底盘上放置压缩泵和喷嘴，但是绝不能进行全面喷洒。而且处理的目标仅是树木和那些过高的、必须清除的灌木。整个环境的完整性能够被保全，野生动物的栖息地不会被破坏，灌丛、蕨类和野花构成的美景也能完好无损。

选择性喷药的方法已经被很多地方采用。大多数情况下，人类很难改变根深蒂固的习惯，全面的喷洒仍在持续，每年都会增加纳税人的额外负担，并且还会破坏生态系统。旧的方法还在继续的原因是真相还不为人知。如果纳税人明白了在城镇的道路上喷洒药剂的账单一代人只需负担一次，而不是一年一次的话，他们必定会起身抗议，要求改变这种方法。

选择性喷药的诸多优点之一就是，它能将某一地区的用药量降到最低，不需要铺天盖地地喷药，只要在需要清除树木的地方进行有针对性的处理。这样一来，对野生动物的潜在危害也被降到了最低。

使用最为广泛的除草剂是2, 4-D、2, 4, 5-T以及相关的化合物。这些药剂是否具有毒性还在争论之中。那些在自家草坪上使用2, 4-D的人，与药剂进行接触之后，有时会患上急性神经炎，甚至是麻痹症。尽管这种案例并不太常见，但是医学权威还是建议在使用这些化学药剂的时候，要格外小心。2, 4-D还可能引发其他一些潜藏的危害。据实验显示，它能干扰细胞呼吸的基本生理过程，还能像X射线一样破坏染色体。最近的一些研究显示，即使使用剂量远低于致死量，2, 4-D以及另外一些除草剂依旧会对鸟类的繁殖产生不利影响。

除了直接的毒副作用外，一些除草剂还会引发一些奇怪的间接后果。人们发现有一些动物，既有野生食草动物，也有牲畜，有时会很奇怪地被喷洒过药剂的植物所吸引，尽管这种植物并不是它们的天然食材。如果施用了像含砷除草剂这样毒性较强的化学药剂，动物对枯萎植物的强烈食欲无可避免地会招致灾难性的结果。如果正巧植物本身带有毒性，或者上面长有荆棘和芒刺的话，那么毒性较小的除草剂也可能导致动物死亡。比如，牧场上的毒草在喷洒过药剂之后突然对牲畜产生了强大的吸引力，牲畜会因沉溺于这种异常的口味而死亡。兽医药物文献中满是类似的例子：猪吃了喷洒过药剂的苍耳后会患上严重的疾病；羔羊吃了喷过药的蓟草也会患重病；蜜蜂会在采食喷过药的荠菜花之后中毒。野生樱桃的叶子原本就具有很强的毒性，一旦喷洒过2,4-D之后，其会对牛产生致命的吸引力。显而易见，喷药后（或割下来后）的枯萎植物具有更强的吸引力。狗舌草就提供了另一个案例。除非是在其他食料匮乏的深冬和早春，不到万不得已的情况下，牲畜是不会吃这种草的。然而，在喷洒过2,4-D之后，牲畜就急切地想要吃它。

这种奇怪行为的诱因可能是因为化学品改变了植物体内的新陈代谢。喷药之后，植物体内的糖分会显著增加，这使得这种植物对动物产生了更大的吸引力。

2,4-D的另一个奇怪的作用就是不管对牲畜、野生动物，还是对人类都会产生重大影响。10年前的实验表明，玉米和甜菜在经过这种化学品处理之后，硝酸盐成分会急剧增加，而高粱、向日葵、紫露草、羊腿草、藜、荨麻均会出现类似的反应。牲畜通常对这其中的很多植物不屑一顾，但是在被2,4-D处理过之后，它们却会吃得津津有味。据一些农业专家讲，很多家畜的死亡可以追溯到喷过药的野草。就反刍动物奇特的生理机能而言，硝酸盐成分的增加是一大威胁。大多数这类动物具有极其复杂的消化系统，包括一个分为4个腔室的胃。纤维素的消化是通过其中一个腔室的微生物（瘤胃细菌）的作用完成的。假如动物食用了硝酸盐含量异常高的植物，那么瘤胃内的微生物会对硝酸盐起作用，将之转化为毒性很强的亚硝酸盐，因此，就会发生一连串的动物死亡事件。亚硝酸盐作用于血液色素，产生一种巧克力色的物质，这种物质会将氧气禁锢起来，使其无法参与呼吸过程，因此氧气无法通过肺部传送到各个组织。动物会因为缺氧，在数小时之内死亡。这样一来，牲畜吃过经2, 4–D处理的野草而死亡的报告就得到了一种合乎逻辑的解释。这类危险也存在于反刍类野生动物之中，如鹿、羚羊、绵羊和山羊等。

尽管有多种原因（例如异常干燥的气候）能够造成硝酸盐含量的上升，但是2, 4–D的销量和使用量不断增长也不容忽视。这种状况已经引起了威斯康星大学农业实验室的重视，工作人员在1957年曾发布警告："被2, 4–D杀死的植物中可能含有大量的硝酸盐。"和动物一样，人类也面临同样的危险，这有助于解释近来不断发生的神秘"粮仓死亡"事件。含有大量硝酸盐的玉米、燕麦或高粱在粮仓里储存的时候，会释放有毒的氧化氮气体，不论什么人进入粮仓都会受到致命的威胁：呼吸几口氧化氮就会引发化学性肺炎。在明尼苏达大学医学院研究的一系列类似案例中，除了一人幸免，其余全部死亡。

"我们在大自然中行走就像一头大象在摆满瓷器的小陈列室内乱闯一样，"在总结人类对于除草剂的使用时，荷兰科学家C.J.布雷约颇有远见地说，"在我看来，我们对太多事情都抱着理所当然的态度。我们并不知道田地里所有的野草是否都有害，或者其中一些是有益的。"

很少有人提到这个问题，野草和土壤之间究竟是什么关系？即使从人类自身的直接利益考虑，它们的关系可能也是有价值的。正如我们所知，土壤与地下和地上的生物之间存在一种彼此依赖、互惠互利的关系。野草从土壤中吸收一些东西，同样也会给予土壤一些东西。最近，荷兰的一座城市的花园就对这种关系做出了很好的证明。那个花园中的玫瑰长势不太好，根据土壤采样检测显示，土壤样品中存在严重的线虫感染。荷兰植物保护局的科学家们并没有建议喷洒化学药剂或者对土壤进行处理，而是推荐间种一些金盏花。毫无疑问，在纯化论者看来，这种植物肯定是玫瑰花坛中的杂草。实际上，金盏花的根部会分泌一种可以杀死线虫的物质。在采纳了这一建议之后，人们在一些花坛中间种了金盏花，而另外一些花坛中则没有种。结果令人感到惊奇，在金盏花的帮助下，玫瑰长势良好；而没有间种金盏花的那些地方的玫瑰都萎靡不振，耷拉着脑袋。金盏花如今在很多地方都被用来对付线虫。

同样，被我们无情铲除的其他植物，可能会以一种不为人知的方式，对土壤的健康发挥着必要的作用。自然植物群落（被污蔑为"杂草"）的一个重要作用就是指示土壤状况。在使用化学除草剂的地方，它们的这种功能肯定已经丧失了。

那些用喷药来解决所有问题的人忽略了一件具有科学意义的事情——需要去保护自然植物群落。我们需要这些植物作为人类活动所引起变化的参照物。它们还能为各种昆虫和其他生物的原始群体提供栖息地，因为抗药性的不断发展正在改变昆虫和其他生物的遗传物质（将在第十六章详细解释）。一位科学家甚至建议，我们应当抢在昆虫的基因进一步改变之前，建立几种保护昆虫、螨类以及类似种群的"动物园"。

一些专家就除草剂日益广泛的使用对植被产生的细微却影响深远的变化提出了警告。化学药剂2, 4-D可以将阔叶植物杀死，这样一来，草类失去竞争而疯长。如今，一些草本身又变成了"杂草"，成了控制杂草中的新问题，这样一来又开始带动整个循环。在最近一期的农业杂志上，这个奇怪的问题已经得到了承认，"2, 4-D的广泛使用抑制了阔叶植物，使得草类开始疯长，进而成为威胁玉米和大豆产量的新问题"。

花粉病患者的病原——豚草就是一个人类企图控制自然却自食恶果的例子。打着防治豚草的旗号，多达几千几万加仑①的化学除草剂被喷洒到了路边。然而，不幸的是，全面的喷药没有减少豚草的数量，豚草反而变得更多。它是一年生植物，只有在开阔的土地上，幼苗才能生长。所以，最好的防治方法就是保持茂密的灌丛、蕨类植物以及其他多年生植物。频繁喷洒药剂摧毁了这些保护性植被，制造了开阔的地带，豚草就会见缝插针地疯狂占领这些地方。另外，空气中的花粉含量可能与路边的豚草并无关系，而是与城市地块上和休耕地上的豚草密切相关。

马唐草专用除草剂销量的猛增就是这种错误的方法盛极一时的另外一个例证。与年复一年使用化学品相比，还有一种更廉价、更有效的

---

① 加仑：英美制容量单位，英制 1 加仑等于 4.546 升，美制 1 加仑等于 3.785 升。

方法能够清除这种草。那就是让它与其他草类竞争，选择那种马唐草无法与之匹敌的种类。这样马唐草只能在长势不好的草坪上生存，这是一种症状，而不是它自身的一种疾病。通过提供肥沃的土壤，使我们需要的草类苗壮成长，就有可能创造一个不适合马唐草生长的环境，因为只有在开阔的地方，它们才能一年一年生根发芽。

人们对基本的情况置之不理，取而代之的是，化学品生产商把信息传递给花场工人，郊区的农民又从花场工人那里得到建议，所以每年，他们都会在自家的草坪上喷洒大量除草剂。很多化学药剂中含有多种毒素，如汞、砷、氯丹等，而这些特性根本无法从各种销售品名上看出。根据建议的施用剂量，大量毒素残留在草坪里。例如，一种产品的用户如果按照产品指南，就会在1英亩的土地上使用60磅氯丹。如果使用的是另一种产品，他就会在1英亩土地上喷洒175磅砷。我们在第八章将会谈到，鸟类大量死亡让人深感痛心。但是这些被喷过药的草坪对人类的危害如何，我们还不得而知。

根据实践可知，对路边和公路旁的植被选择性喷药的成功为健康的生态防治提供了希望，因为它可以应用于其他防治计划，如农场、森林和牧场等。这种方法的目的不是去毁灭某一种植物，而是将整个植被作为一个有机整体来管理。

其他一些可靠的成就也说明了我们可以做到的事情。生物控制在对多余植物的防控方面，已经取得了显著的成绩。大自然本身也遇到过许多现今困扰着我们的问题，通常自然会通过自己的方式将这些问题成功解决。聪明的人类若是懂得观察和模仿自然的话，往往也会收获成功。

加利福尼亚州克拉玛斯草的处理就是一个控制多余植物的突出案例。克拉玛斯草，或称山羊草，原产于欧洲（在那里被称作圣约翰沃特草），它跟随着移民一路西行，于1793年首先在美国宾夕法尼亚州兰开斯特市附近出现。到了1900年，这种草扩展至加利福尼亚州克拉玛斯河附近，并由此得名。到了1929年，这种草已经占据了10万英亩的牧场。到了1952年，克拉玛斯草已经侵袭了250万英亩土地。

与山艾这样的本土植物不一样，在当地生态系统中没有克拉玛斯草的位置，并且其他生物也不需要它们。在它出现的地方，牲畜若是食用了它就会"满身疥疮、嘴中溃疡，变得毫无生气"，而土地的价值也会随之降低，因而克拉玛斯草被认为是罪魁祸首。

而克拉玛斯草或者圣约翰沃特草在欧洲从来都不是个问题，因为为了能适应它，出现了很多昆虫，它们以克拉玛斯草为食，对克拉玛斯草的规模起到了很好的抑制作用。尤其是法国南部两种豌豆大小的甲虫，它们有着金属色泽的外壳，能够完全适应克拉玛斯草，而且只以此为食来繁衍生息。

1944年首批引进这两种甲虫是一次具有历史意义的事件，因为这是北美地区使用食草昆虫来控制某种植物的首次尝试。到了1948年，这两种甲虫繁殖良好，不需要再引进了。甲虫的扩散是这样完成的：首先将甲虫从原有地区收集起来，然后以每年数百万的数量投放出去。在一些较小的区域，甲虫会自行扩散，一旦克拉玛斯草消失后，它们就开始转移，然后在另一个地方精准地安下身来。当克拉玛斯草被清除之后，人们所需要的牧草又渐渐繁盛起来。

1959年完成的一项10年调查显示，克拉玛斯草的防治取得了"比那些热心人的预期更好的效果"，这种草的数量已经减少到原来的百分之一。而剩下的草已经没有什么危害了，而且实际上这是必要的，因为需要维持一定数量的甲虫，以防止克拉玛斯草再度肆虐。

另一个经济高效的杂草防治案例发生在澳大利亚。殖民者经常习惯于将一些植物或动物带到新的国家。大约在1787年，一位名叫亚瑟·菲利普的船长将各种仙人掌带到了澳大利亚，用它们来培育能够制作染料的胭脂虫。其中一些仙人掌或仙人球从他的花园中"逃"出来了，到了1925年，大约出现了20种野生仙人掌。在新的地方，仙人掌因失去了天然的控制，迅速蔓延，最终占据了约6000万英亩的土地。这些土地中最少有一半完全被仙人掌所霸占，丧失了使用价值。

1920年，一批澳大利亚昆虫学家前往南北美洲，研究当地仙人掌的昆虫天敌。经过对几种昆虫的反复试验，1930年，他们将30亿颗阿根廷飞蛾卵带回了澳大利亚。

7年后，最后一片被浓密的仙人掌所占据和破坏、变得不宜居住的地区又可以居住和放牧了。整个计划的成本是每英亩不足一便士。而与之相反，最开始那些结果不尽如人意的化学控制成本是每英亩10英镑。

所有这些例子都表明，在想要控制各种多余的植物时，可以更多地关注食草昆虫的作用。这些昆虫可能是食草动物中最挑剔的，它们极其严格的饮食很容易为人类做出贡献，牧场管理科学却基本上忽略了这种可能性。

在植物防治过程中，要充分尊重自然规律，才能收到更好的效果。

阅读规划进度及自我测评

01 计划阅读时间

02 实际阅读时间

03 完成度（％）

04 阅读兴趣

感兴趣□　　一般□　　没兴趣□

原因：

问题：

05 回忆一下阅读的章节，看看能否写下每章的主要内容

第一章：

第二章：

第三章：

第四章：

第五章：

第六章：

06 比较作品语言

通过一周的阅读，相信你已经初步感受到了本部作品的语言风格，试着将它与《所罗门王的指环》一书做对比，你可以只选择两部作品中你印象最深刻的篇章进行比较，简要分析语言风格上有何异同。你更喜欢哪一种？为什么？

07 回忆一下章节内容，看能否回答出以下问题

① "明天的寓言"寓言了什么内容？

② "忍耐的义务"中，人类所要忍耐的是什么？选择忍耐的前提又是什么？

③ "死神的灵药"是指什么？为什么称为死神的灵药？

④ 地表水和地下海是怎样受到污染的？它会带来哪些后果？

⑤ 第五章里，土壤中最重要的生物是什么？它们起着怎样的作用？

⑥ 第六章里，为什么将各种植物比作地球的"绿色斗篷"？

08 摘抄，积累

把你认为好的语句或段落摘抄下来，积累更多的语言素材吧！可以分类整理，如人物描写类、警句名言类、环境描写类等，或根据你的标准设置更多类别，并简单写出你喜欢的理由。

　　一周的阅读很快过去了，你是否已经开始为无所不在的污染而焦虑？你是否已经为那些无辜逝去的生命而痛心？带着这种忧患意识，进入本周的阅读吧！在阅读的过程中，如果你有所体悟，一定要及时记下来。

第七章　　无妄之灾

　　当人类朝征服自然的目标进发的时候，他们已经写下了一段令人创痛的破坏记录，不仅仅对地球造成了破坏，还威胁到与人类共享地球的其他生物。在近几个世纪的历史中，有很多黑色的篇章：西部平原水牛惨遭屠戮；海鸟被商业狩猎者所捕杀；为了获得白鹭的羽毛，人类将其赶尽杀绝。现今，在诸如此类的事实面前，我们又为这部黑暗的历史添加新的篇章和新型的破坏：因为人类在土地上不加区分地滥用杀虫剂，直接杀死了鸟类、哺乳动物、鱼类以及几乎所有的野生动物。

　　在我们生存哲学的指导下，手拿喷枪的人所向披靡。在喷药战役中偶然受到伤害的受害者根本就无足轻重，如果知更鸟、野鸡、浣熊、猫或者牲畜恰巧和害虫栖息在同一区域，若是它们被如雨水一般的杀虫剂所袭击的话，那么没人会对此提出抗议。

　　那些希望能对野生动物受到的伤害做出公正裁决的人们，如今面对一种进退两难的境遇。一方面，环保人士和很多野生动物专家断言杀虫剂对野生动物的伤害是极其严重的，甚至具有毁灭性。另一方面，防控部门却断然否定这种伤害的出现，或者说即便出现了伤害，也不会带来什么严重的后果。我们应该接受哪种观点呢？

目击者的可信度是最为重要的。处在现场的野生动物专家无疑是最有可能首先发现并解释野生动物受到伤害的人。专门研究昆虫的昆虫专家欠缺专业素养，他们不愿意承认对昆虫的防控行动会带来不良的副作用。州政府和联邦政府防治人员（当然还有化学品生产商）一直对生物学家的报告进行否认，并宣称没有任何证据表明其对野生动物造成了伤害。就如《圣经》故事中的牧师和利未人一样，他们选择从旁边闪开，对事实视而不见。即使我们宽容地将他们的否认视作专业人员的短视和心怀私心，但是这不意味着我们一定要认为他们是有理有据的。

形成我们自我判断的最佳方式是着眼于主要的防治计划，并向那些熟悉野生动物习性和对化学品不抱偏见的观察者请教，当毒药如雨水一般向动物世界倾泻之后，究竟会发生什么事情。

对于鸟类观察者、在自家花园以赏鸟为乐的郊区居民、猎人、渔民或荒野探险者来说，任何对一个地区的野生动物种群进行破坏的行为，即使仅仅在一年之内，也会将这些人享受快乐的合法权利剥夺。这是一个相当正确的观点。尽管有时候，在进行一次喷药之后，一些鸟类、哺乳动物、鱼类会恢复过来，但是这种行为还是会使得它们遭受到严重的伤害。

但是这样的恢复是不可能的。喷药一般倾向于反复进行，野生动物哪怕只和药剂接触过一次，恢复的可能也极其微小。所带来的后果往往是形成了一个带毒的环境，一个致命的陷阱，不单是原先生活在这里的动物会惨遭毒手，新迁入的动物也难逃厄运。除此之外，喷药的面积越大，所带来的伤害也就越大，因为已经不存在安全的绿洲了。现今，在以昆虫防治计划（几万甚至几百万英亩的土地被喷洒了药物）为标志的10年里，在私人和公共用地的喷药量迅速稳定攀升的10年里，关于美国野生动物的伤亡记录也在不断累积。让我们来看看这些计划吧，看看都发生了什么。

1959年秋天，密歇根州东南部约2.7万英亩的地区，包括底特律市的很多郊区，都被从空中喷撒下来的大量艾氏剂颗粒笼罩着。艾氏剂在所有氯化烃中危险性最大。这项计划是由密歇根州和美国国家农业部联合执行的，此计划的目的据称是为了控制日本甲虫。

采取这样猛烈而危险的行动并没有多大的必要。与之相反，美国最为知名、学识最为渊博的博物学家沃特·P.尼克尔持有不同的见解，他将自己大部分的时间都花费在田野上，每年夏天还会在密歇根州南部待很长时间。他说："30多年来，以我的直接经验来判断，日本甲虫在底特律的数量很少。在过去几年中，甲虫的数量并没有明显增加。1959年，除了政府在底特律设下的捕虫器中捕获的几只之外，我没有见到过一只日本甲虫……所有的事情都在暗中进行，以至于我们丝毫得不到昆虫数目增加这类信息。"

据州政府的官方消息宣称，这种甲虫已经"大量出现"在其指定的空中打击区域。尽管这个项目缺乏正当性，但是它依旧火热地开展起来。密歇根州提供人力，还会对执行情况进行监管，联邦政府提供设备和后备人员，而各个社区则分摊杀虫剂的费用。

日本甲虫是一种被意外引入美国的昆虫。1916年，它首次出现在新泽西州，那时利佛顿市附近的一个苗圃里发现了几只闪耀着金属光泽的绿色甲虫。人们最初并不认识这种昆虫，后来才确认它们是日本群岛的普通居民。显而易见，它们是在1912年实行限制条例之前，通过苗木进口来到美国的。

自从进入美国之后，日本甲虫就开始逐步在密西西比河以东的各个州扩散开来，那里的温度和降雨条件都很有利于甲虫的生存。甲虫每年都会向新的领地扩张。在日本甲虫长期定居的东部地区，人们尝试使用自然防控的方式。正如许多记录所显示的那样，在实施自然防控措施的地区，日本甲虫的数量被控制在较低的水平。

尽管在东部地区，已经有了合理的控制经验，但是在日本甲虫分布的边缘地带，中西部各州仍旧如临大敌一般发起了攻势，这种攻势足以将最致命的敌人打倒，仅仅是为了对付一些昆虫，他们便使用了最危险的化学品，使得无数的人、家畜以及所有的野生动物都暴露在本来只是为了对付甲虫的毒药之下。结果消灭日本甲虫的行动招致了动物的大批死亡，而且人类也面临着危险。在控制甲虫的名义下，密歇根州、肯塔基州、艾奥瓦州、印第安纳州、伊利诺伊州以及密苏里州的很多地区都遭遇了如雨水一般倾泻而下的化学药剂。

密歇根州的喷药行动被包括在第一次针对日本甲虫开展的大规模空中打击中。之所以选择艾氏剂这种最为致命的化学药剂，不是因为它最适合控制日本甲虫，而是出于想省钱的考虑——艾氏剂是当时最廉价的可用化合物。虽然州政府透露给媒体的官方消息中承认艾氏剂是一种"毒药"，但是他们宣称这种药物不会对人口密集的地区造成伤害（官方对"我们应该采取哪些预防措施"这种疑问，回复是"对你来说，什么都不用做"）。联邦航空局的一位官员在当地媒体上声称："这是一次安全的操作。"底特律公园和娱乐休闲部的一名代表也附和道："药粉对人类无害，也不会对植物和宠物造成伤害。"毋庸置疑，这些官员根本没有查阅过早已出版、唾手可得的美国公共卫生局、鱼类及野生动物管理局和其他机构关于艾氏剂剧毒的相关证据。

《密歇根害虫防治法》允许该州无须通知个人或者得到个人同意，便可以进行喷药，于是飞机开始在底特律地区进行低空作业。随后，市政府和联邦航空局立马被市民担忧的电话所包围。据《底特律新闻》报道，在一个小时内，这些地方接到了将近800通电话，之后，警方向电台、电视和新闻报纸寻求帮助，向市民们宣告"他们所见到的事情究竟是怎么回事，并告知他们这是一次安全的行动"。联邦航空局的安全官员向公众保证："飞机是受到严密监控的，也是得到了低空飞行的许可的。"这位安全官员还做了一些错误的尝试妄图减少公众的恐惧，他补充说飞机上有安全阀门，可以瞬间将它们的负载全部倾泻出去。万幸的是，这样的事情没有出现。在飞机作业的时候，杀虫剂颗粒不仅落在了甲虫身上，也落在了人身上。"无害"的毒药降落在购物和上班的人身上，还飘落在午餐时间走出校门的孩子身上。家庭主妇们将落在门廊和人行道上的颗粒扫出去，她们说这些地方就像是"下过雪一样"。之后，密歇根州奥杜邦协会指出："在屋顶木瓦的缝隙里，在檐沟里，在树皮和树枝的裂缝里，满是细小白色艾氏剂黏土混合颗粒，颗粒大小不超过

一个针头……若是遇到了下雪天和下雨天，每个水坑里的积水就会变成可以致死的药剂。"

在喷撒药粉的行动进行几天之后，底特律奥杜邦协会便开始接到关于鸟类的求助电话。据协会秘书长安妮·博伊斯夫人讲："周日早晨，我接到了第一个关于鸟类的电话，一位妇女说她在教堂返家的路上，看到了数量惊人的死鸟和濒死的鸟，这说明人们开始对喷撒药粉的后果产生了担忧。喷撒药粉的行动是在周四完成的。她说这之后所有的地方都看不到鸟儿在飞，在自家的后院，她还发现了至少12具小鸟的尸体，她的邻居还发现了死松鼠。"同一天，博伊斯夫人接听的电话都报告说："大量的死鸟，一只都没能幸存……家中设有喂鸟器的人也说没有一只鸟儿前来啄食。"那些濒死的鸟儿表现出典型的杀虫剂中毒症状：颤抖、失去飞行能力、麻痹、抽搐。

鸟类不是唯一受到直接影响的动物。一位本地的兽医说，他的诊室里满是给狗和猫看病的人。猫会相当细致地舔爪子，梳理头部的毛发，所以它们所受的影响最为严重。它们表现出的症状是严重腹泻、呕吐和抽搐。兽医对此能给出的唯一建议是尽量让猫待在内室，若是要出去的话，回家之后要马上清洁它们的爪子（但是蔬菜和水果上的氯化烃无法被洗掉，所以这种措施起不到什么保护作用）。

尽管城镇的卫生专员坚持认为，这些鸟儿是被"其他喷剂"毒杀的，与艾氏剂接触后引发的喉咙和胸腔过敏一定是"别的什么物质"造成的，但是当地卫生部门还是接到了源源不断的投诉。底特律一名卓越的内科医生在一小时内被请去为4名病人做治疗，这些病人都是在观看飞机作业的时候接触到了杀虫剂。所有的人表现出相同的症状：恶心、呕吐、发冷、发烧、极度疲惫以及咳嗽。

因为使用化学药剂对付日本甲虫的压力不断升级，底特律的经历在其他地方反复上演。在伊利诺伊州的蓝岛市，人们捡到了几百只已经死亡和濒死的鸟儿。从收集鸟儿的人那里得来的数据表明，已经有百分之八的鸣禽惨遭毒手。1959年，伊利诺伊州朱利叶市大约有3000英亩土地经过了七氯处理。据当地一家猎人俱乐部的报告，处于处理区域内的鸟类"几乎被消灭殆尽了"。还发现了大量死去的兔子、麝鼠、负鼠和鱼类。当地的一所学校搜集了那些被杀虫剂毒死的鸟类，将它们作为一个科研项目。

为了打造一个没有甲虫的世界，可能没有什么地方能比伊利诺伊州东部的谢尔顿市和易洛魁县附近地区的境遇更悲惨的了。1954年，美国农业部联合伊利诺伊州农业局开始沿着日本甲虫入侵的路线将其根除，他们希望借着高密度的喷药行为消除所有入侵的甲虫。第一次根除行动就在当年开始了，400英亩的土地上被喷洒上了狄氏剂。1955年，又处理了另外2600英亩的土地。本以为任务已完成，但是，越来越多的地区要求进行化学防治，在1961年末，大约对131000英亩的土地进行了处理。仅在喷药行动进行的第一年，野生动物和家畜就遭受了严重的伤亡。即使这样，在既没有与美国鱼类及野生动物管理局商议，也没有与伊利诺伊州狩猎管理部门商议的情况下，化学治理还是在继续推进着。（然而，在1960年春天，农业部的官员在一次国会会议上对一项要求提前进行协商的法案提出了反对意见。他们委婉地宣布，这项法案是不必要的，因为合作和协商是"经常性的"。这些官员根本想不起来"在华盛顿层面"那些不予合作的情况。在当天的听证会上，他们也明确表示不愿意与州渔猎部门协商。）

虽然化学防治的资金总是源源不断，但是伊利诺伊州自然历史调查所里那些试图测定化学防治对野生动物造成的伤害的生物学家却捉襟见肘。1954年，他们只能拿出1100美元用于雇佣一位野外助手，而在1955年则没有任何专门款项。虽然面对着严重的困难，但是生物学家还是收集了很多事实，这些事实汇集在一起，描绘了一幅野生动物遭到灭顶之灾的悲惨景象——当计划刚开始执行的时候，这种毁灭就已经表现得很明显了。

食虫鸟类的中毒程度不单单取决于所使用的毒剂，还与毒剂的施用方式有关。在谢尔顿市早期的计划中，狄氏剂的用量是每英亩土地施用3磅。但是为了了解它对鸟类的影响，只需记住在实验室中，对鹌鹑所做的实验已经证明狄氏剂的毒性大约是DDT的50倍。因此喷洒在谢尔顿市每英亩土地上的狄氏剂相当于150磅DDT！而且这还是最小值，因为人们会在农田的边沿和角落里重复喷洒。

化学药剂渗入土壤后，中毒的甲虫幼虫会从土里钻出，爬到地面上，在它们死去之前还能再活一段时间，钻出地面的甲虫幼虫会吸引食虫鸟类前来啄食。在对土地进行喷药处理的两周后，地面上还会出现各种死亡和濒死的昆虫。很容易料想到这对于鸟类数量的影响。褐色长尾莺、燕八哥、野云雀、白头翁和野鸡几乎被完全扫除了。据生物学家的报告，知更鸟几乎"完全灭绝了"。一场细雨过后，死蚯蚓到处都是；知更鸟可能是食用了中毒的蚯蚓。对于其他的鸟类来说，情况也一样，曾经有益的雨水在化学药剂邪恶力量的作用下，变成了具有毁灭性的药剂。喷药几天之后，那些在雨水坑里喝过水或者洗过澡的鸟儿都无一例外惨遭毒手。

那些侥幸活下来的鸟儿也没有了繁育能力。尽管在药物处理过的地区，仍旧能发现鸟巢，少数鸟巢里还有鸟蛋，但是鸟蛋无法孵出幼鸟。

在哺乳动物中，地松鼠已经灭绝。它们的尸体呈现出中毒暴死的状态。在喷药地区，还发现了死去的麝鼠，田野上出现了死去的兔子。黑松鼠曾是城镇中的常见动物，但是在喷药之后，它们就不见踪影了。

在对甲虫发动战争后，若是能在谢尔顿地区的农场中发现一只猫就算是谢天谢地了。在实施喷药计划的第一个季节，农场里百分之九十的猫就成了狄氏剂的受害者。由于这些毒剂曾在别处留下了黑色的记录，所以这类情况是可以被预知的。猫对所有的杀虫剂都极端敏感，特别是狄氏剂。世界卫生组织在爪哇西部开展的抗疟计划中，出现了很多猫死亡的报告，以致猫的价格翻了一倍还多。同样，世界卫生组织在委内瑞拉展开的喷药活动，导致那里的猫数量锐减，变成了一种稀有动物。

在谢尔顿地区，灭虫运动的牺牲者不仅是野生动物和家养宠物。对于一些羊群和牛群的观察显示，它们都出现了中毒和死亡的现象。自然历史调查所对其中的一个案例做了如下报告。

羊群穿过一条砾石路，从一块5月6日进行过狄氏剂处理的田地上被赶到了另一块面积很小、未经喷药的蓝草牧场上。显而易见，一些药粉已经穿过马路侵入了牧场，因为羊群立即显示出中毒的症状……它们不愿意吃草，焦躁不安，沿着牧场的栅栏转来转去，想要找到出口……它们不愿被驱赶，不住地咩咩直叫，耷拉着头；最后，它们被带出了牧场……羊群显得极度想喝水，在穿过牧场的溪水中发现了两头死羊，剩下的羊被反复从溪水边赶走，还有一些羊是被硬生生从溪水边拖走的。最终死了3头羊，剩下的逐渐恢复了过来。

　　这就是1955年末的情况。尽管化学战争在随后的几年中持续进行着，但是研究所需的经费早已断流。自然历史调查所把用于野生动物与杀虫剂的研究经费列入年度预算中，将其提交给伊利诺伊州立法机构，但是研究经费的申请早早就被否决了。直到1960年，一位野外助手的工资才发到手，而他在同一时段的劳动量能顶4个人。

　　当生物学家将1955年就完全中断的研究工作重新拾起来的时候，野生动物备受伤害的悲惨图景似乎没有什么变化。与此同时，化学药剂已经改换成了毒性更强的艾氏剂，在鹌鹑身上所做的实验证明，它的毒性可以达到DDT的100到300倍。到了1960年，在这一地区栖息的哺乳动物，多多少少都受到了伤害。鸟类的情况更加糟糕。在唐纳文镇，就如白头翁、燕八哥和长尾莺一样，知更鸟也绝迹了。在其他地方，上述鸟类以及其他鸟类的数量也在锐减。打野鸡的猎手最为强烈地感受到了这场灭虫战役的影响。在被药物处理过的地方，鸟巢的数量减少了一半左右，而孵化出的小鸟的数量也在骤减。在过去的几年之中，此地是打野鸡的绝佳去处，但是现在由于野鸡踪迹难寻，这里已被完全废弃了。

　　借着根除日本甲虫的名义，人类发起了这场毁灭运动。在8年内，易洛魁县有超过10万英亩的土地被药物处理过了，但是从结果看，对日本甲虫的抑制只是暂时的，它们仍旧向西迁移。这一次的无效行动所带来的经济损失无法估量，因为伊利诺伊州生物学家所给出的结果只是一个最小值。若是有充足的经费来进行全面调查的话，一些更为可怕的破坏情况就会被揭露出来。但是，在计划推行的8年里，生物学家只获得了6万美元的经费用来进行实地研究，但与此同时，联邦政府将约37.5万美元投入防治计划中，州政府也追加了几千美元的经费。生物学家的研究经费仅仅是化学防治计划的百分之一。

中西部地区都是在一种恐慌的情绪下推行灭虫计划的，似乎甲虫的扩散带来了极端的危险，为了对付甲虫，可以不择手段。这显然是对事实的扭曲，若是这些深受化学药剂毒害的人们对日本甲虫在美国的早期历史有所了解的话，他们就不会对此逆来顺受了。

东部各州的运气要好一些，甲虫入侵发生在合成杀虫剂发明之前，他们不仅仅在虫灾中幸免，还有效控制了甲虫的数量，而且其采用的方法不会威胁到其他的生物。底特律和谢尔顿地区的喷药与东部地区的行动相比，完全没有可比性。这些高效的方法充分发挥了自然的控制力量，这种控制力量具有持久的多重优势，且不会对环境造成伤害。

在甲虫最初进入美国的十几年里，因为失去了本土的制约力量，所以数量猛增。但是直到1945年为止，在甲虫扩散的地方，它们并不能造成什么危害。甲虫数量的减少主要是因为从远东引进的一种寄生虫成为甲虫致命的病原体。

从1920到1933年，通过对甲虫的原生地进行费心搜索之后，科学家在东亚本土找到了34种捕食或者寄生昆虫，将它们引入美国，用来实现自然控制。其中有5种在美国东部很好地存活了下来。其中最有效、分布最广泛的是来自朝鲜和中国的一种寄生黄蜂。当雌蜂在土壤之中搜寻到甲虫的幼虫之后，会把一种能够使其麻痹的液体注射进甲虫的幼虫体内，之后把自己的一枚卵放在幼虫的表皮下面。蜂卵孵化成幼虫之后，它会以麻痹的甲虫幼虫为食，彻底将其吃掉。在大约25年的时间里，通过各州政府与联邦机构的合作项目，东部的14个州引进了这种黄蜂。这种黄蜂在该片区域扎下根来，由于它们在控制甲虫方面所起到的重要作用，它们也普遍为昆虫学家所信任。

一种细菌性疾病起到了更为重要的作用。这种疾病能对日本甲虫所属的金龟子科昆虫造成影响。它是一种非常特殊的微生物，不会攻击其他种类的昆虫，对蚯蚓、温血动物和植物都无害。这种疾病的芽孢生长在土壤中。当甲虫幼虫吞食之后，它会在幼虫的血液里迅速繁殖，导致幼虫身体呈现不正常的白色，因此这种疾病被称为"乳白病"。

乳白病是1933年在新泽西州发现的。到了1938年，乳白病在日本甲虫较早侵袭的地区已经相当普遍了。为了促使这种疾病迅速扩散，政府在1939年开展了一项防控计划。那时还没有找到能够使这种病原体增殖的人造媒介，但是人们找到了一种效果令人满意的替代品：把受感染的幼虫碾碎、晾干，与白灰混合。按照标准，每克混合物中含有1亿芽孢。从1939到1953年，通过联邦政府的合作计划，东部的14个州约有9.4万英亩的土地进行了处理；属于联邦政府的其他土地也被一并处理了；另外，私人组织和个人也在广大的不为人知的区域自行进行了处理。到了1945年，乳白病已经在康涅狄格州、纽约州、新泽西州、特拉华州以及马里兰州扩散开了。在一些实验区域里，幼虫的感染率高达百分之九十四。1953年，这项政府事业被私人实验室接管，以便继续为个人、园艺俱乐部、公民协会以及所有其他对防治甲虫感兴趣的人们提供服务。

曾经推行这项计划的东部地区，现在已经实现了对甲虫高度的自然控制。乳白病病菌可以在土壤中存活很多年，因此提高了控制效率，并可以通过自然媒介继续传播开来。

既然在东部地区有着如此令人瞩目的经验，为什么不能在目前正对甲虫发起疯狂战争的伊利诺伊州以及其他中西部地区尝试同样的方法呢？

我们被告知，用乳白病芽孢接种"太贵了"，但是在20世纪40年代的东部14个州中，却没人会这样认为。究竟是通过何种计算方法得出"太贵了"的结论呢？这显然不是通过对谢尔顿喷药计划所造成的那种彻底毁灭的真正代价进行评估所得出的。这种判断还忽视了一个事实，也就是芽孢只需接种一次，第一次的花费就是唯一的花费。

也有人告诉我们，芽孢不能用在甲虫分布的边缘地带，因为它们只能生存于甲虫密集的土壤中。与那些支持喷药行动的言论一样，这一观点同样值得怀疑。引发乳白病的细菌至少能感染40种甲虫，这些甲虫分布广泛，即使日本甲虫很少或者根本没有，它们也能存活下来。除此之外，由于芽孢能够在土壤中存活很久，就像在目前有甲虫被感染的边缘地带一样，即使是那些没有甲虫幼虫的区域也可以先将芽孢散布出去，然后静候着甲虫的侵入。

那些不惜一切代价希望能立马收到效果的人，毫无疑问会继续使用化学药剂来对抗昆虫。相比"内在成本"，那些更加偏爱现代消费模式的人也会继续这么做，因为化学防治会持续不断，需要不断更新，不

断投入。

另一方面，那些希望得到圆满结果而愿意等上一两个季节的人，会选择乳白病这种防治方法；他们将得到持久的控制效果，而且随着时间的推移，控制的效果会不弱反强。

美国农业部在伊利诺伊州皮奥瑞亚的实验室里进行了一项颇为广泛的研究，希望能找到一种人工培育乳白病细菌的方法。这将极大缩减成本，并且还会促进这种方法更加广泛地被应用。经过多年的辛勤工作，现在已经有一些成果被报道出来了。一旦这种"突破"能够完全实现，那么在防治日本甲虫方面，一些理智和远见就能被重拾起来，之前我们在中西部地区进行的灭虫行动所造成的浩劫简直就是一场噩梦……

伊利诺伊州东部的喷药事件所引发的问题，不单单属于科学层面，更属于道德层面。这一问题也就是，任何文明能否出于自身的利益而对其他的生命肆意发起战争，却不会毁灭自身，也不会丧失其被称为"文明"的资格？

这些杀虫剂不是选择性毒剂，它们无法将我们要打击的那一类生物挑选出来。它们之所以能投入使用仅仅是因为它们是致命的毒药。因此，它们会毒死所有与之接触的生物：被某些家庭深爱的小猫咪、农民饲养的牛、田野上的兔子和飞翔在天空中的云雀。这些生物不会对人类造成任何危害。恰恰相反，它们和它们的伙伴的存在给人类带来了诸多欢乐。然而人类回报它们的却是突然且恐怖的死亡。谢尔顿市的一位科学观察员对一只濒死的草地鹨[①]做了如下描述："它侧躺在一边，尽管肌肉失去了协调能力，它既飞不起来也难以站立，但是它依然拍打着翅膀，爪子想要抓住什么。它大张着嘴，呼吸十分吃力。"已经死去的松鼠做出了更加可怜的无声控诉，它们"呈现出特别的死亡状态。背部深深地弯曲着，紧握着的前爪努力伸向胸前……它们的头和脖子向外伸着，嘴中含着泥土，这说明在死亡之前，它们曾经啃咬过地面"。

对于给其他生物造成极大痛苦的这种行为，我们居然默许了。作为人类，我们中间的哪一个没有降低人之为人的品格？

---

① 草地鹨（liù）：属小型鸣禽，体长约15厘米，体形较纤细，善于在地面上行走。

第八章　再无鸟儿的歌声

现今在美国，越来越多的地区已经看不到鸟儿前来报春的情景了；原先清晨时分，都能听到鸟儿美妙婉转的歌声，而如今，只剩下一片死寂。那些伴随着鸟儿的歌声而来的色彩、美感和乐趣都在难以觉察间猝然消失，以致那些没有受到影响的地区的人们对这些变化的到来毫无察觉。

一位居住在伊利诺伊州辛斯戴尔镇的家庭主妇在绝望之中给世界著名的鸟类学家、美国自然历史博物馆鸟类馆名誉馆长罗伯特·库什曼·墨菲写过一封信，这封写于1958年的信件上说道：

> 最近几年来，我们的村庄一直在给榆树喷药。我们于6年前搬来这里，那个时候，这个地方的鸟儿多种多样，我给它们安装了一个喂食器。每年冬天到来的时候，北美红雀、山雀、绒毛鸟、五子雀都会络绎不绝前来觅食。等到夏天的时候，北美红雀和山雀会带着幼鸟一道前来。而喷洒了几年DDT之后，镇子里的知更鸟和八哥都不见踪影了，山雀已经两年都没有在我们家的喂食器里觅食了，到了今年，北美红雀也消失不见了；在这附近筑巢的鸟类似乎只有一对鸽子而已，或许还有一窝猫雀。

> 在学校里，孩子们受到过这样的教育，说联邦法律是禁止杀害和捕捉鸟类的，因而难以向他们解释这些鸟儿都被杀死了。"它们还会回来吗？"孩子们问。我不知道对此该如何回答。而榆树也在日渐死去，鸟儿更是难逃厄运。对此，我们采取什么措施了吗？能够采取什么措施呢？我能够做些什么呢？

春日里知更鸟歌唱是再普通不过的场景了，而化学药剂的使用却使这样的美景不再。

为了对付火蚁①，联邦政府开始实施大规模的喷药计划，这计划实施一年后，亚拉巴马州的一位妇女写道："我们所居住的这块地方在过去的半个世纪中，一直是鸟类真正的天堂。去年7月的时候，我们还在谈论'今年来这里的鸟儿比之前更多'。突然之间，在8月的第2周，它们却都消失不见了。近些日子，我心爱的马儿产下了一匹小马驹，我习惯于晨起照顾它们，但是清晨我听不到鸟儿的鸣叫。这一情况真是奇怪极了，而且让人感到恐惧。我们到底对这个美好无比的世界做了些什么呢？一直到5个月后，一只蓝冠鸦和一只鹪鹩才终于现身了。"

在这位女士说到那年秋天里，美国南部地区也发布了一些报告，这些报告显示生态状况很是严峻。国家奥杜邦协会与美国鱼类及野生动物管理局共同出版的季刊《野外瞭望》中提到，密西西比、路易斯安那和亚拉巴马地区出现了"所有鸟类都消失不见的奇怪景象"。《野外瞭望》所收录的报告都来自经验丰富的观察家。他们长时间工作生活于这片区域，且对当地鸟类的习性颇为了解。其中一位观察家报告说，她在密西西比南部开了很远的车，但是在整个行驶过程中，连一只鸟的影子都没见到。另外一位来自巴顿鲁治的观察员报告说，已经好几周没有鸟儿光顾她的喂食器了，而之前的这个时候，鸟儿早就把院子灌木丛中的果实给啄食殆尽了。还有一位观察者说，家里的落地窗前，往往会停留四五十只北美红雀，还有其他种类的鸟儿，但是现在连一两只都踪迹难寻了。莫里斯·布鲁克斯教授就职于西弗吉尼亚大学，他是阿巴拉契亚地区的鸟类专家，他在报告中说道，西弗吉尼亚地区的鸟类数量以"令人难以置信的速度锐减"。

这里有一个故事可以作为鸟类悲惨命运的象征——这种悲惨的情况已经使得一些鸟儿惨遭毒手，并且将威胁所有的鸟儿。这个故事就是广为人知的知更鸟的故事。对于千百万的美国人来说，每年第一只知更鸟的到来意味着冬天的离去。关于知更鸟到来的消息往往能登上报纸版面，也会成为人们在早餐餐桌上乐于讨论的话题。随着知更鸟络绎不绝

---

① 火蚁：原产地是南美洲，被其蜇伤后会出现火灼感，分布广泛，为极具破坏力的入侵生物之一。

地到来，森林里也开始绿意盎然。无数的人在清早的晨光中，听到了知更鸟所唱的第一首合唱，乐曲中的美妙音符在阳光中舞动。而现在一切都不复存在，甚至连鸟儿的造访也不再是理所当然之事。

知更鸟和其他鸟类的命运，看来确实与榆树有着休戚与共的联系。从大西洋沿岸到落基山山脉，都有榆树的分布，它参与了成千上万个城镇的历史的书写，无数的街道、广场和校园因它们浓密的枝叶所形成的壮丽的绿色拱廊而平添了诸多魅力。但是现今有一种疾病袭击了所有的榆树，对此，很多专家都认为由于这种疾病已经发展到了极其严重的程度，挽救榆树已经是无力回天了。光是失去榆树就已经让人心痛不已了，要是挽救的行动也徒劳无功，还把大部分鸟类扔进覆灭的黑夜之中的话，那么结局只会更加悲惨。然而，这就是现在正在上演的事情。

大约是在1930年，所谓的荷兰榆树病随着装饰板材业进口榆树段而进入美国。这种病症是一种真菌疾病，这种真菌会侵入榆树的输水导管中，其芽孢通过树液的流动扩散开来，通过分泌有毒物质，产生阻塞作用，导致树枝枯萎，使榆树死亡。荷兰榆树病通过榆树皮甲虫，将病菌从患病的榆树上扩散至健康的榆树之上。榆树皮甲虫会在已经死亡的榆树的皮下面挖掘通道，而真菌的芽孢会在通道里挤得满满的，甲虫在通过通道的时候，芽孢会附在甲虫身上，榆树皮甲虫飞到哪里，就会将这种疾病带至哪里。要想控制这种疾病，其主要的办法一直都是控制作为传播媒介的甲虫。因为在很多地方，尤其是中西部和新英格兰地区榆树密布的地区，人们就长期采取大规模的喷药行动。

密歇根州立大学乔治·华莱士教授和他的学生约翰·麦纳这两位鸟类学家首次揭示了此种喷药行动对鸟类，尤其是对知更鸟的影响。1954年，麦纳先生开始攻读博士学位，他的研究课题的选择是与知更鸟相关的方向。这个研究课题的选择可能只是出于偶然，因为当时没有人认为知更鸟正面临着危险的境遇。但是，当他刚开展工作的时候，就发生了这样的事情。这件事情使得他的研究课题的性质改变了，并且连他的研究对象也被剥夺了。

1954年，仅仅在大学校园里，针对荷兰榆树病的喷药行动在小范围内进行着。但是到了第二年，东兰辛市（这所大学的所在地）也加入了喷药的行列，喷药的范围开始扩大。由于当地也在进行着针对舞毒蛾[①]和蚊子的防治计划，化学药剂犹如倾盆大雨一样落下。

1954年，在进行少量的药物喷洒之后，一切如常。第二年春天，知更鸟如以往一样回到了校园，像汤姆林森的著名散文《失去的森林》里的风信子一样，返回到自己所熟悉的地方，这些知更鸟"没有预感到会有什么不幸之事发生"。然而，问题很快就显现了：那些校园中的知更鸟或是死亡，或是一息尚存。在那些它们之前常去啄食和栖息的地方，已经没有一只鸟的踪迹了。没有新筑的鸟巢，也没有新生的雏鸟。之后的几个春天，情况依旧没有改变。被药物喷洒过的地方已经成为死亡陷阱了，每一批飞回来的知更鸟在一周之内就会消失殆尽。依旧会有新的鸟儿飞来这里，但是它们无一例外，会在这个地方痛苦万分地战栗抽搐着逐渐死去。

华莱士教授说："校园已经变为那些想在春日里筑巢的鸟儿的葬身之地。"但是这种情况是因何而起的呢？他起初怀疑是这些鸟儿的神经系统出了问题，但是真相很快就显现了，知更鸟死于杀虫剂中毒，而不是喷洒药剂的那些人所保证的"对鸟类无害"。其典型症状包括：失去平衡，颤抖，抽搐，最终死亡。

有一些事实表明，这些知更鸟的死亡不是因为直接接触到杀虫剂，而是因为食用了蚯蚓。在某项研究中发现，一些蝲蛄在偶然间吃了蚯蚓，于是所有的蝲蛄很快就死了。在实验中，一条蛇在吃下了蚯蚓后，突然就剧烈颤抖起来。而春天里，知更鸟的主要食物就是蚯蚓。

厄巴纳市自然历史调查所的罗伊·巴克博士很快就将知更鸟死亡之谜的一块关键拼图给补全了。他的著作于1958年出版，这本书找到了错综复杂关系中最关键的一环——通过蚯蚓，知更鸟的命运与榆树联系了起来。春天，榆树被喷洒上农药（通常剂量是50英尺的一棵树使用2

[①] 舞毒蛾：又名秋千毛虫、苹果毒蛾、柿毛虫幼虫，主要为害叶片，该虫食量大，食性杂，严重时可将全树叶片吃光。

到5磅DDT，相当于每英亩榆树密集的地方施用23磅DDT），而到了7月的时候，往往还会用之前一半的剂量再将榆树喷洒一遍。所有高大的树木都会被强力喷枪喷洒上药剂，这样一来，不单将要消灭的榆树皮甲虫给杀死了，还连其他的昆虫也一并杀死，包括可以授粉的昆虫、捕猎的蜘蛛以及其他甲虫。在树叶和树皮之上，附着着即使雨水也冲刷不掉的一层毒素膜。秋天到来的时候，树叶从树上飘落下来，在地上累积成湿漉漉的几层，并开始和土壤结为一体。蚯蚓在这一过程中发挥了重要的作用，它们靠残叶为生，它们最喜欢吃的就是榆树树叶了。而在食用树叶的过程中，杀虫剂也被一并吃下，这些杀虫剂在蚯蚓的体内不断累积、浓缩。巴克博士在蚯蚓的消化道、血管、神经和体壁中，都发现有DDT的存留。有些蚯蚓毫无疑问因此而死，那些侥幸活下来的幸存者就变成了毒素的"生物放大器"。当春日到来，知更鸟飞回来的时候，这个循环之中就多了一个环节。仅仅11只体形稍大的蚯蚓就拥有能够毒死一只知更鸟的DDT的剂量。而一只知更鸟十来分钟就能吃下10到12只蚯蚓，11只蚯蚓只构成了其每日食量的一小部分而已。

　　然而不是所有的知更鸟都摄入了致命的剂量，但是与致命的中毒一样，还有一种后果会导致知更鸟的灭绝——在药剂所及的范围之内，所有被研究的鸟类甚至所有的生物都难逃不孕的阴影。在密歇根大学185英亩的土地上，如今每到春天来临，只有二三十只知更鸟，而在喷药行动之前，最起码有大约370只。麦纳在1954年的观察中发现，自己所观测到的知更鸟都能产下鸟蛋。按这一数据，到了1957年6月末，至少应该有370只幼鸟（对应成鸟的数量）在校园里觅食，可是麦纳只找到了一只幼鸟。一年之后，华莱士教授说道："1958年的春天和夏天，我在校园里没有看到一只幼鸟，而且到现在为止，我也没有听说有别的人看到过它们。"

　　当然，没有发现幼鸟的踪迹的一部分原因是在筑巢的行为完成之前，就有一对或者是更多的知更鸟已经死去了。但是华莱士发现了一个更加不幸的事实——鸟儿自身的繁殖能力被破坏了。比如，他曾记录过以下内容"知更鸟和其他鸟类筑下了巢，却没有下蛋，而有些下了蛋的鸟儿却无法将幼鸟孵出来，我们对一只知更鸟进行了观察，它勤勤恳恳地孵了21天蛋，可是没有将幼鸟孵化出来，而正常的话，只需要13天就可以孵化出幼鸟。对此进行分析之后，我们得出了这样的结论，处于繁殖期的鸟儿的睾丸和卵巢里存在有大量的DDT。"在1960年的国会委员会上他说："10只雄鸟睾丸中含有百万分之三十到百万分之一百零九的DDT，两只雌鸟卵巢卵泡中含有百万分之一百五十一到百万分之二百一十一的DDT。"

　　紧接着，其他地区的研究也得出了令人沮丧的结果。根据对喷药地区和未喷药地区做的对比研究，威斯康星大学的约瑟夫·希基教授和他的学生们发现知更鸟的死亡率至少为百分之八十六到百分之八十八。密歇根州的克兰布鲁克研究院想要评估鸟类因榆树喷药行动所造成的伤亡程度。于是在1956年，研究人员要求将所有疑似DDT中毒的鸟类都送检。这一要求带来了出乎意料的回应。在之后的几周之内，研究院里常年闲置的机器以最大的负荷在运转，以致他们不得不拒绝对其他的样品进行检测。时间到了1959年，单单这一个社区就提交上来1000只中毒的鸟儿。虽然在这其中，知更鸟是最主要的受害者（一名妇女给该院打电话，报告说自己家里的草坪上躺着12只死去的知更鸟），但总共有63种鸟类被送到研究院进行检测。

　　因为知更鸟只是在榆树防治计划中被损害的连锁反应中的一个环节而已，而给榆树喷药是在全美所推行的防治计划中的一个。90多种鸟类已经被重创，大批死亡，其中包含郊区居民和业余自然爱好者所熟知的一些种类。在喷洒过药剂的城镇中，鸟类的筑巢率降低了百分之九十。就如我们所见，所有的鸟类都受到了影响——在地面上寻食的、在树上觅食的、在树皮上捕猎的，以及猛禽等。

　　我们完全有理由相信，那些以蚯蚓和其他生活在土壤里的生物为食的鸟类和哺乳类动物都会和知更鸟一样，面临着悲惨的命运。蚯蚓出现在大约45种鸟类的食谱上，其中有一种是丘鹬，它们通常在南方越冬，而近年来，南方各地已经被喷洒了过量的七氯。而今，有两个关于丘鹬的重要发现：位于新布伦瑞克的繁殖地里，新生的幼鸟的数量锐

减，而成鸟的体内存在有大量的DDT和七氯。

让人惴惴不安的情况是，已经有记录表明有20多种在地面觅食的鸟类大批死亡，这些鸟类的食物——蠕虫、蚂蚁、蛆或其他土壤生物都有毒性。这其中包含有三个种类的画眉鸟，在鸟类中，它们以美妙的歌声见长。绿背鸟、黄褐森鸫和隐居鸫都深受这些喷剂的毒害，那些在灌木丛上掠过，在沙地上的落叶中寻找食物的歌雀和白喉雀也难逃毒手。

同样，哺乳动物也很容易直接或间接被这一体系所席卷。浣熊的主要食物之一就是蚯蚓；在春天和秋天，负鼠也会食用蚯蚓；地鼠和鼹鼠也会大量捕食蚯蚓。这样一来，长耳鸮和仓鸮这类猛禽也会因食物的传递而被这些毒素所影响。

在春日的一场暴雨之后，威斯康星州出现了几只死去的长耳鸮，它们的死亡可能是因为食用了中毒的蚯蚓。老鹰和猫头鹰（如大角鹰、长耳鸮、雀鹰和泽鹰等）也出现抽搐的症状。这种情况可能属于二次中毒，它们可能是捕食了肝脏或是其他器官中累积着大量杀虫剂的鸟类或是鼠类。

那些在地面上觅食的动物或是其捕食者并不是榆树喷药行动中唯一的受害者。在树叶上捕食昆虫的鸟儿也随之消失，其中包括森林精灵——红冠鹟鹩和金冠鹟鹩，体形较小的食虫鸟类或者是颜色绚烂、翩翩起舞的鸣禽等。在1956年暮春的时候，一大批鸣禽刚巧遇上一次时间被延迟的喷药行动，几乎所有来此的鸣禽都难逃厄运，大批死亡。在威斯康星州的白鱼湾，在之前的几年中，总是能看到起码1000只桃金娘刺嘴莺。而在1958年的喷药行动之后，人们只看到了两只而已。若是将其他地区的死亡事例加在一起的话，那么鸟类死亡的总数目令人瞠目结舌。在死亡的鸣禽中，有那些最美、最被人喜爱的种类，例如黑白林莺、黄林莺、木兰林莺和栗颊林莺，在5月里歌声婉转的灶巢鸟，双翅上闪耀着如火的光芒的黑斑林莺，栗肋林莺、加拿大林莺以及黑喉绿林莺等。它们或是因食用了有毒的昆虫而成为直接的受害者，或是因食物的短缺而成为间接的受害者。

在空中徘徊的燕子同样也深受食物短缺的打击，它们就如饥饿的青鱼在找寻浮游生物一样，在空中拼命地找寻着食物。威斯康星州的一位自然学家报告说："燕子遭受了重击。每个人都在对此抱怨，燕子的数量比四五年前要大为减少。4年前，我们的头顶上方都是燕子的身影，而现在却再难寻到它们……导致这一情况出现的原因可能是喷药使得昆虫数量减少，也可能是燕子食用了有毒的昆虫而死亡了。"

这位观察者在提及其他鸟类的时候，这样写道："另外，菲比鸟也遭受了重创。鹬儿近绝迹，但是曾经很常见的菲比鸟也不见踪影。今年春天的时候，我看到过一只，去年春天也是如此。威斯康星州的其他猎人也在抱怨。之前我曾投喂过五六对红雀，现在都踪影全无。每年都会到我的花园里建筑巢穴的鹪鹩、知更鸟、猫鹊和长耳鸮现在都已不见踪影。夏日的早晨再也没有鸟儿的歌声了，仅剩的鸟类是有害的鸟、鸽子、八哥和英格兰麻雀。我简直不能承受这样的灾祸。"

秋天的时候，人们会向处于休眠期中的榆树喷洒药物，毒素侵入树皮的每一个细小的缝隙，山雀、五子雀、花雀、啄木鸟以及褐旋木雀这些鸟类可能因为这个原因而急剧减少。1957至1958年冬天，华莱士教授这么多年来，首次发现在他家里设置的鸟类投喂处，没有见到山雀和五子雀。他从之后发现的3只五子雀的中毒案例中，找到了其中的前因后果。有一只正在榆树上觅食；另一只表现出很明显的DDT的中毒症状，濒临死去；第三只已经死了。在之后对第二只五子雀的检测中，发现它的体内存在有百万分之二百二十六的DDT残留。

鸟类的进食习惯使得杀虫剂很容易威胁到它们，从经济和其他的不易被人觉察的角度来看，所造成的损失也是惨重的。比如白胸五子雀和褐旋木雀在夏天主要是以对树木有害的各种昆虫卵、幼虫和成虫等为食。而占山雀食谱四分之三的是动物性的食物，其中包括处于各个生长阶段的昆虫。对山雀觅食方式的描述可见于本特不朽的名著《生命历史》中："当山雀成群飞过的时候，每一只鸟都认真搜索着藏于树皮、细枝和树干上的琐碎的食物（蜘蛛卵、茧或其他休眠昆虫）。"

各种各样的科学研究已证实了在不同情况之下，鸟类都起着控制昆虫的关键作用。在对恩格曼云杉甲虫的控制方面，啄木鸟居功甚伟。它们能够使得这种甲虫的数量锐减约百分之四十五到百分之九十八，在抑制苹果园的蚜虫方面，效果也相当好。除此之外，有了山雀和其他冬季鸟类的保护，果园可以不被尺蠖所困扰。

但是发生在自然界中的事情不能在现代的化学世界中再次上演。在化学世界中，所喷洒的药剂不单将昆虫杀灭，也将其主要的天敌——鸟类一并杀死。若是等昆虫再次恢复的时候，就没有鸟儿能够去抑制它们了。密尔沃基公共博物馆鸟类馆长欧文·J.格罗梅给《密尔沃基日报》投去的稿件中说道："捕食性昆虫、鸟类以及一些小型哺乳动物是昆虫最大的天敌，但是DDT不加区别地残忍杀害了自然界中的守卫和警察……我们以进步的名义，难道要饱尝为逞一时之快而进行的残暴的灭虫大战的苦果？这样的行为只会导致最终的完全失败。等到榆树都消失了，自然中的护卫（鸟类）因中毒而亡后，新的害虫卷土重来，去危害其他树木的时候，我们又该怎么办呢？"

他提到，自从威斯康星州的喷药行动开始之后，那些关于鸟类的死亡的电话和信件都在不断攀升。大家的质问表明，在药物喷洒过的地方，鸟儿开始不断死去。

与格罗梅先生的观点一样，中西部大部分研究中心的鸟类学家和生态保护人士也这样认为。这其中包括密歇根州的克兰布鲁克研究院、伊利诺伊州自然历史调查所和威斯康星大学等。任何一个地区在进行了药物喷洒之后，本地报纸的《读者来信》一栏中都会清楚地表明，人们已经对此有了认识且颇感愤怒，对于喷药所带来的危害以及由此引发的不合理之处，居民们比那些下达喷药命令的政府官员们理解得更为深刻。居住于密尔沃基的一名女士写道："这真是一件冷酷又可悲的事情……这场杀戮企图达到的目的根本就无法实现，对此，人们既感到失落万分，又十分愤怒……以长远的眼光来看，若是对鸟类不管不顾，树木能得到挽救吗？它们在自然界中不是相互依存的吗？能否去维持自然的平衡状态，而不是去破坏它呢？"

另外一些人在信件中也说道，榆树虽然高大雄壮，可以用来遮阴，但是榆树并不是类似印度"神牛①"的存在，我们不能为了保护它而对其他生物进行"开放式的"杀戮。另一名也居住在威斯康星州的妇女写道："我一直对榆树充满喜爱之情，榆树就像是我们的地标一样。但是，有各式各样的树种……鸟类也是我们必须要加以保护的。若是春天没有知更鸟的歌声，简直无法想象这个世界是多么无趣，多么寂寞啊！"

以公众的角度来看，这样一种二者择其一的选择很容易形成：到底是选择鸟呢，还是选择树？可是事情不是这么简单。就如人类在化学防治之中所收获的讽刺一样，我们若是继续沿着之前的旧路走下去，那么也许我们最后还是会什么也得不到。喷药的行为将鸟儿杀死，同时也没有对榆树进行有效的保护。若只是奢望依靠喷洒药物就能挽救榆树的话，那么只会使得一个又一个城镇陷入代价不菲的泥沼里，而这样做的效果也只是暂时的。康涅狄格州格林尼治市实行了为时10年的喷药计划。但是因为干旱，有一年甲虫获得了良好的繁育环境，与此同时，榆树的死亡率攀升了10倍。伊利诺伊州厄巴纳市，即伊利诺伊大学的所在地，1951年，首次发现了荷兰榆树病，1953年开始用喷药来进行防治。到了1959年，喷药尽管已经延续了6年之久，但是大学校园里的榆树还是减少了百分之八十六，这其中一半榆树的死亡原因是荷兰榆树病。

俄亥俄州托莱多市所发生的相似的经历促使林业主管约瑟夫·斯维尼对喷药计划所带来的后果有了更为现实的认识。1953年，喷药计划开始实施，到了1959年，这项计划还在进行。这时，斯维尼先生却发现当按照"书本和权威机构"建议实施了喷药计划之后，棉枫藓的情况反倒更加糟糕了。因为他决心亲自去研究给榆树喷药后的结果，得到的结论令他大为惊骇。在他的研究中，他发现托莱多市"仅有的得到控制的地区是那些将染病的或者是有虫害的榆树给移走的地区，而喷洒药物的地区反倒失去了控制。在那些没有推行喷药计划的乡村，疾病的传播速度远不如进行药物喷洒的城市。这就表明，杀虫剂会将害虫的全部天敌也一并杀死。我们不能再继续实行药物喷洒计划。虽然我的想法与那些

① 神牛：在印度，牛是湿婆神的坐骑，印度人尊敬牛像尊敬神一样。

支持美国农业部建议的人产生了冲突，但是我手上掌握了事实的真相，我们因此会坚持不懈继续斗争的"。

榆树病近些年才在中西部城镇开始肆虐，我们实在难以理解，为什么要将其他地方多年来的治理经验抛诸一边，而要坚持采用花费不菲的喷药计划。在榆树病的防治工作中，纽约州的防治历史长，颇有经验，这是因为在1930年，感染疾病的榆树正是由纽约港侵入美国的，纽约现今在榆树病的防治方面成绩斐然，但是这不是靠药物得来的。实际上，纽约农业推广局并没有向人们推荐用喷药的方式来防治榆树病。

纽约如此辉煌的成就是如何得来的呢？从开始与榆树病对抗到现在，纽约一直坚持实行严格的措施，也就是迅速移除生病或感染的树木，并将其处理掉。最初这样的做法并没有取得令人满意的结果，这是因为最初不知道如果不把上面有甲虫繁殖的树木给销毁掉的话，只是处理患病的榆树是不能奏效的。患病的榆树被砍掉之后，被人们当作柴火存起来，但是这些染病的木头，如果没能在来年春天全部都烧掉的话，就会生出很多带菌的甲虫。每一年的四五月份，冬眠中的成年甲虫就醒了过来，会出来寻找食物。这样一来，榆树病就会四处传播。纽约的昆虫学家靠着自身的经验，找出了那些存在甲虫繁殖且易传播榆树病的病木。通过将这些病木进行集中处理，既达到了不错的防治效果，又将防治成本降至一个合理的区间。纽约市到了1950年，5.5万棵榆树的感染率降到了百分之一。

维斯切斯特郡在1942年开始推行一项防卫计划。在这之后的14年中，榆树在每一年的损失率仅为百分之一。水牛城所拥有的18.5万棵榆树通过防治计划获得了良好的控制效果，每年的损失率也仅有百分之一。换句话说，这种病如果按照此种速度，要想摧毁水牛城里所有的榆树，需要长达300年的时间。

发生在雪城的情况尤其让人难忘。这个地方在1957年之前并未在榆树病防治方面推行任何有效的措施。从1951到1956年，共损失了3000棵榆树。之后在纽约州立大学林业学院霍华德·米勒的指挥下，下大力气将所有患病以及可能携带病源的榆树清除掉。现今这个地方的榆树的损失率已经下降到百分之一以下。

防卫计划在成本节约方面的优势被纽约的专家所着力强调。纽约农学院的J.G.马蒂斯说："在大部分情况下，实际成本要比预想中的少。假如树枝已经死了或者被折断了，那么为了防止造成财产损失或者人身伤害，必须将这段树枝移除。假如是一堆柴火的话，那么可以在春天的时候把它们烧完，将树皮剥掉，或者把榆木存放在干燥的地方。假如是那些垂死或者已经死亡的榆树，为了防止其传播榆树病，应当把它们立即清除，这样所花费的成本不比事后处理的成本高，因为在城区内的大部分死树总归是要被清除掉的。"

由此可见，只要采取的措施是明智妥当的，那么我们对榆树病也并非一筹莫展。众所周知，直到现在榆树病也没办法完全根除，但若它在某一地区爆发的时候，完全可以通过预防措施被控制在一个合理的范围之内，这一方法不仅能达到效果，而且还不会伤害到鸟类。森林遗传学还为此提供了其他的可能性，一种对这种病具有免疫力的杂交榆树有望通过实验室被研发出来。欧洲榆树就拥有这种免疫的特性，在华盛顿地区，这种榆树被大面积种植。就算在本地榆树发病率极高的时候，它们也依旧毫发无损。

那些丧失了大量榆树的地区迫切需要通过加速育苗和造林计划来补充损失。这点相当重要，虽然这些计划中可能包括了具有抗病性的欧洲榆树，但是树种的多样性也要被考虑进来，这样才能避免将来传染病会将一个地区所有的树都毁灭殆尽。英国生态学家查尔斯·埃尔顿指出了健康的动植物群落的关键所在——"保持生物多样性"。现在的状况在很大程度上都是拜生物单一化所赐。但是在二三十年前，没有人知道在一大片地方种植单一的植物会招致灾难性的后果，所以人们才会用榆树来装点街道和公园。而现在，榆树都死了，鸟儿也消失了。

与知更鸟类似，美国的另一种鸟儿也濒临灭绝。这种鸟就是美国的象征——鹰。在过去的10年中，鹰的数量正以惊人的速度锐减。事实表明，鹰所生存的环境一定是发生了什么变化，并且它们的繁殖能力被彻底破坏了。究竟是什么原因，我们目前还不得而知，但是有证据表

明，杀虫剂难辞其咎。

那些沿着佛罗里达西海岸，从坦帕到迈尔斯堡筑巢的鹰是北美地区这类鸟中被研究最频繁的。一位温尼伯的退休银行家查尔斯·布罗利因在1939到1949年给1000多只秃鹰幼鸟做过标记而在鸟类学界声名鹊起（在此之前，历史上只有166只鹰绑了鸟足带）。在幼鹰离开巢穴之前的冬季，布罗利为它们绑上足带。据之后的统计表明，这些佛罗里达鹰会沿着海岸飞抵加拿大境内，最远飞行至爱德华王子岛。但是在这之前，人们一直都以为这些鹰是留鸟。它们在秋天到来的时候，又飞回南方。它们的迁徙活动可以在宾夕法尼亚东部的鹰山这样有利的位置观察到。

在最初做标记的那几年，布罗利先生在他工作的海岸段每年都能发现125个里面有幼鸟的巢穴。每年约有150只幼鸟被绑上足带。1947年，幼鸟的出生数量开始下降：有些鸟巢中根本没有鸟蛋；而另一些鸟巢中，虽然有鸟蛋，但是这些鸟蛋都不能孵化。从1952到1957年，大约有百分之八十的鸟巢中没有幼鸟被孵出。而在最后一年，只剩下43个鸟巢中还有鸟儿。只有7个鸟巢中有幼鸟出生（一共8只）；23个鸟巢里有鸟蛋，但是鸟蛋没有孵化出来；有13个巢穴被当作了成年鹰用餐的歇脚点，里面根本就没有蛋。1958年，布罗利先生在跋涉了100英里后，才找到了一只小鹰做标记。1957年还有43个鸟巢里住着成年鹰，而现在这个数量变成了10个。

这一系列的持续观察十分珍贵，可这一切随着1959年布罗利先生的去世戛然而止，但是奥杜邦协会、新泽西州再加上宾夕法尼亚州的报告证实了我们可能需要再重新寻找一个新的国家象征了。鹰山保护区负责人莫里斯·布朗的报告尤其值得我们关注。鹰山是宾夕法尼亚东南部的一座美丽如画的山峰，那里的阿巴拉契亚山脉最东端的山脊形成了阻挡西风吹向沿海平原的最后一道屏障。当西风被山脉阻挡会向上吹去，从而形成了稳定的气流，在秋季翅膀宽大的鹰可以乘着气流，一天内就能飞过很长的路程。山脊汇拢于鹰山，候鸟的飞行路线也交汇于此。从北方广阔的领域一路飞来的鸟儿必定会经过这个咽喉要道。

莫里斯·布朗在自然保护区做了20多年的管理员，他所观察并记录过的鹰要多过任何一个美国人。8月底和9月初是秃鹰迁徙的高峰。这些鹰应当出生在佛罗里达州，是在北方过了一个夏季之后返回家乡的（在秋天和冬季初期，一些体形更大的鹰会飞过这里。它们可能是北方的一个鹰种，要前往一个未知的地方越冬）。保护区建立初期，从1935到1939年，观察到的百分之四十的鹰是1岁大小，它们的年龄可以轻易从其深色的羽毛中辨别出来。但是近年来，这些幼鹰已经很少见了。从1955到1959年，它们只占鹰类总数的百分之二十；而在1957年，每32只成年鹰中只有1只幼鹰。

鹰山的观测结果和其他地方是一致的。其中一份相似的报告出自伊利诺伊州自然资源委员会的一名官员埃尔顿·福克斯。北方的鹰在密西西比河和伊利诺伊河沿岸越冬。在1958年的相关报告中，福克斯先生提到近来发现的59只鹰中只有1只是幼鹰。世界上唯一的鹰自然保护区——萨斯奎汉纳河上的蒙特约翰逊岛也有类似的情况出现。这个岛位于康诺文格大坝上游8英里外，距兰开斯特郡河岸不过半英里，依旧保留着原始风貌。从1934年起，兰开斯特郡的一位鸟类学家兼保护区负责人赫伯特·H.贝克先生开始观察岛上的某个鸟巢。从1935到1947年，每年都有鹰在这个鸟巢中居住，且能成功地孵出幼鹰。从1947年起，虽然还是有鹰在这里居住，而且还产了蛋，但是并没有小鹰被孵出来。

蒙特约翰逊岛上的情况和佛罗里达州的一样：有一些成年鹰栖息在巢穴里，其中有些产了蛋，但是很少或者没有小鹰被孵出来。似乎只有一种解释能说明这种情况：某种环境因素导致鹰的繁殖能力下降，以致现在几乎没有幼鸟出生来使这一物种得以延续了。

很多实验者证明了此种情况是由人为造成的，这其中以美国鱼类及野生动物管理局的詹姆斯·德威特博士最为突出。德威特博士针对鹌鹑和野鸡做了很多经典实验来研究一系列杀虫剂对它们的影响。实验结果表明，成鸟在与DDT或相关化学药剂接触之后，虽然不会受到明显的伤害，但是可能会对它们的繁殖能力造成严重影响。鸟儿受到影响的表现形式可能不太一样，但是结果是一样的。例如，如果处在繁殖季节的鹌鹑食用了含有DDT的食物，它不会因此死亡，甚至还能正常产蛋，产下的蛋的数量也不会少，但是能被孵化出来的小鸟寥寥无几。德威特博士说："许多胚胎在发育早期都很正常，但是在孵化期死去了。"即使那些孵出的幼鸟，其中一多半会在5天内死去。在其他对这两种鸟的实验中，如果成鸟在一整年内所吃的食物里都含有杀虫剂的话，那么无论怎么样，它们都无法生出蛋来。加利福尼亚大学的罗伯特·拉德博士与查理德·吉纳利博士报告了相似的发现，如果野鸡的食物中含有狄氏剂，那么"产蛋量会明显下降，幼鸟成活率也很低"。据这些科学家讲，由于狄氏剂是在蛋黄中储存的，在孵化和发育的过程中，幼鸟会逐渐将其吸收，这样一来，幼鸟就会遭到致命的伤害。

这一观点得到了华莱士教授和一名研究生理查德·伯纳德的实验的强有力支持。据他们的研究发现，密歇根大学校园的知更鸟体内含有大量的DDT。在雄鸟的睾丸中，在雌鸟的卵巢里，在发育的卵泡中，在鸟儿体内成形的蛋里，在输卵管中，在废弃的鸟巢中未孵化的蛋里，在鸟蛋的胚胎里和在刚孵出来就死去的幼鸟体内，都有DDT的痕迹。

这些重要的研究证明了这样一个事实，只要鸟儿接触到了杀虫剂，那么它们的后代就会被影响。毒素会在鸟蛋里和滋养胚胎的蛋黄中贮存，就像一个死刑执行令一样，这就解释了为什么德威特博士实验中的幼鸟会死在蛋壳里，或在孵化出来几天后就死去。

在实验室中研究鹰会遇到难以克服的困难，但是野外研究已在佛罗里达州、新泽西州以及其他地方展开，希望找到使如此多的鹰不育的可靠证据。与此同时，一些可用的间接证据将这一矛头指向了杀虫剂。在一些盛产鱼类的地方，鹰的主要食物就是鱼（在阿拉斯加大约占鹰食物中的百分之二十五，而在切萨皮克湾约占百分之五十二）。毫无疑问，布罗利先生研究的鹰主要以鱼为食。从1945年起，DDT就被反复喷洒在海岸地区。而盐沼蚊是空中喷药的主要目标。这种蚊子主要生活在沼泽和海岸地区，而那里正是鹰捕食的区域。大量的鱼和螃蟹被杀死。实验分析显示，这些死鱼死蟹体内含有很高浓度的DDT，大约是百万分之四十六。和鸊鷉一样，鹰因为吃了克里尔湖中的鱼，从而在身体内积蓄了大量的DDT。野鸡、鹌鹑以及知更鸟的问题与鸊鷉一样，它们的繁殖能力逐渐下降，种群难以为继。

在现代世界，世界各地都发出了鸟类面临危险的共鸣。虽然各地报告的细节不同，但主题都是一样的，那就是杀虫剂的使用造成了野生动物的死亡。在法国，含砷除草剂喷洒过葡萄藤的残枝之后，成百上千只小鸟和山鹑死了。这种鸟在比利时，曾经一度很繁盛，但是喷洒过药剂之后，它们几乎灭绝了。

英国所面临的主要问题十分特殊，这个问题是与越来越多的播种前用杀虫剂处理种子的做法相关。种子处理并不新鲜，但是早期使用的化学品主要是杀菌剂，其对鸟类来说不会造成明显的影响。而到了1956年，处理方法升级为双重功效，除了杀菌剂外，人们还会加上狄氏剂、艾氏剂或七氯，用来消灭土壤中的昆虫。这样一来，情况就变得糟糕起来。

1960年春天，关于鸟类死亡的各种报告像洪水一样涌进了英国野生动物管理机构，包括英国鸟类托管协会、皇家鸟类保护协会以及猎鸟协会。诺福克的一位农场主写道："这地方仿佛一个战场，我的管家发现了数不清的小鸟尸体：苍头燕雀、金翅雀、红雀、篱雀、麻雀……野生动物的毁灭着实让人心痛。"一位猎场看护员写道："我的松鸡全被包衣玉米毒死了，还有一些野鸡和其他鸟儿，几百只鸟全都死了……对我这样的终身猎场看护员来说，这真是一段令人悲痛的经历。当看到一对对松鸡死在一起，真是难过极了。"

英国鸟类托管协会与皇家鸟类保护协会联合发布了一个报告，描述了67只被毒死的鸟儿。而1960年春天死去的鸟的数量绝对远超这个数字。在这67个死亡案例中，有59只是被包衣种子毒死的，剩下的8只死于药物喷剂。

第二年新一轮中毒浪潮袭来。下议院接到报告，仅诺福克的一家庄园里就有600只鸟儿死亡，北埃塞克斯的一个农场里有100只野鸡死去。不久，受影响的郡就明显超过了1960年的记录（第一年是23个郡，1961年是34个郡）。以农业为主的林肯郡损失最为惨重，大约有1万只鸟儿死亡。死亡的阴影席卷了英格兰的所有农场：从北部的安格斯到南部

的康沃尔，从西部的安哥拉斯到东部的诺福克。

到了1961年春天，大众对这一问题的担忧达到了峰值。下议院成立了一个特别委员会对这一问题进行调查，在农民、农场主、农业部代表以及关心野生动物的政府和民间组织中进行了取证。

一位目击者说："鸽子会从空中突然掉下来死了。"另一位目击者说："你在伦敦城外开车走一两百英里也看不到一只红隼。"自然保护局的官员做证说："就本世纪或者我所知道的任何时期而言，这一次是发生在这一地区的最大的一次对于野生动物或狩猎的威胁。"

对这些受害动物进行化学分析的设备数量明显不足，而且整个国家只有两名化学家能够进行检测（其中一名化学家任职于政府，另一名供职于皇家鸟类保护协会）。目击者称焚烧鸟儿尸体时，燃起了熊熊大火。然而人们还是通过一番努力找到了尸体进行检测，结果发现，除了一只鸟之外，所有的鸟儿体内都含有杀虫剂。这只例外的鸟是沙锥鸟，因为它是一种不食用种子的鸟。

除了鸟儿之外，由于吃了中毒的老鼠或鸟儿，狐狸也可能会受到间接影响。英国深受兔子的困扰，所以迫切需要狐狸捕猎兔子。但是从1959年11月到1960年4月，至少有1300只狐狸死亡。在雀鹰、红隼以及其他猛禽消失殆尽的地区，狐狸的死亡也是最严重的，这说明了毒素是通过食草动物到食肉动物这样的食物链来传播的。濒死的狐狸与其他氯化烃中毒的动物一样，会不断打转，头晕目眩，最终抽搐而死。

听证会使委员会确信，对野生动物的威胁已经"极其严重"。委员会向下议院提出建议，"农业部长和苏格兰国务卿应立即下令禁止使用狄氏剂、艾氏剂、七氯或毒性相当的化学药剂处理种子"。委员会还建议应适当加强控制，保证化学品在上市前接受严格的野外和实验室检测。值得强调的是，这是所有地区在杀虫剂研究方面的一大空白。生产商做的实验都是针对常规动物（老鼠、狗、豚鼠等），而不包括野生动物如鸟类和鱼类，并且实验都是在人为控制下进行的，所以，他们的实验结果对于野生动物而言，一点也不准确。

英国肯定不是因为这个问题而备受困扰的唯一国家。美国的加利福尼亚州和南部地区的水稻产区一直被这类问题所深深困扰。加利福尼亚州的水稻的稻种一直是用DDT来处理的，用这种方式来预防鲨虫和清道夫甲虫的威胁。由于水鸟和野鸡大量在稻田里聚集，加利福尼亚的猎人们总是会满载而归。但是在过去的10年时间，这些水稻产区总是会传出有鸟类死亡的消息，特别是野鸡、鸭子和八哥的死亡报告。人们已经熟悉了"野鸡病"：鸟儿四处找水喝，身体麻痹，它们躺倒在水沟旁和稻田里，身子不住地颤抖着。这种疾病会在春天稻田播种的时候发作，此时DDT的浓度是能够导致成年野鸡死亡剂量的很多倍。

毒性更强的杀虫剂随着时间的推移而不断被研制出来，包衣种子所造成的危害也在不断增加。艾氏剂如今被广泛应用于种子包衣，对于野鸡而言，艾氏剂的毒性相当于DDT的100倍。在得克萨斯州东部的稻田里，栗树鸭[①]的数量因这种做法的推行而受到了严重的影响。确实有理由相信，因为水稻种植户使用双重功效的杀虫剂，八哥的数量随之减少，其他几种生活在稻田的鸟类也因此深受其害。

随着杀灭的习惯的养成——将那些会给我们带来烦恼或不便的生物铲除掉——鸟类越来越多地成为毒药的直接杀害目标，而不是出于意外。从空中喷洒如对硫磷这类的毒药来"控制"农民讨厌的鸟类的做法日益普遍。鱼类及野生动物管理局已经察觉到了十分有必要对此种趋势表示严重关切，他们指出："那些喷洒了对硫磷的区域，对于人类、家畜和野生动物都具有潜在的危害。"例如，在印第安纳州南部，一群农民在1959年夏天雇了一架飞机，在河边一片低地喷洒对硫磷。而这片低地一直都是在附近农田觅食的燕八哥们最中意的栖息地。这个问题本来可以通过改种一种苞长穗深的玉米来解决，但是那些农民还是听信了使用毒药的好处，于是他们雇用飞机来将燕八哥送上西天。

飞机喷药的结果可能令农民相当满意，因为死亡清单上约有6.5万只红翅八哥和燕八哥。而那些没有被发现、没有被记录下来的野生动物的死亡数量就无从知晓了。对硫磷不仅对燕八哥有效，它还是一种广谱

---

① 栗树鸭：这种鸭子呈黄褐色，长得像鹅，生活在墨西哥湾沿岸。——作者原注

毒药。然而，那些在河边低地闲逛的兔子、浣熊或负鼠，它们可能从未踏足过玉米地，但是也被冷漠的"法官"和"陪审团"判处死刑。

那么人类的情况又如何呢？在加利福尼亚州一个喷洒过对硫磷的果园里，工人们接触了一个月前喷过药的叶子后，病倒了甚至还产生了休克症状，经过娴熟的医疗护理才死里逃生。印第安纳州的小男孩是否还喜欢去丛林和田野嬉戏，或者到河边去探险？如果是这样的话，谁会在有毒的区域防卫以阻止那些希望探寻原始自然的人踏入呢？谁能一直保持警惕，告诉那些无辜的游人，这里所有的植物都包裹了一层致命毒药，因而十分危险呢？尽管面临如此巨大的危险，却没有人去阻止农民对燕八哥发动不必要的战争。

人们在每一次发生的事件中，都回避着这样一个问题：究竟是谁所做的决定引发了这些连锁的中毒事件，就好像把一枚鹅卵石丢进平静的池塘一样，死亡像水波一样不断扩散？是谁在天平的一端堆满甲虫的食物——树叶，而在另一端放满色彩斑斓的羽毛——来自因杀虫剂而亡的鸟类的尸体？又是谁在没有跟公众进行协商之前就有了这样的结论，没有昆虫的世界才是最好的世界，即使这个世界因为鸟儿不再飞翔于天空而黯淡无光也不管不顾？这是独裁者才会做出的决定，这是他们在无数人暂时疏忽了这个问题的时候所做出的决定。对于千百万人而言，大自然的美妙与秩序具有深刻而必不可少的价值。

第九章　死亡之河

　　在大西洋的绿色海水深处，有许多通向海岸的路径。它们是可供鱼群巡游的路径。虽然它们既看不见也摸不着，但是它们的确是与来自海岸的河流汇入大海的水体相连。几千年来，鲑鱼就沿着这样的淡水路径洄游，每年它们都要返回它们初生的前几个月或几年中所生活的支流中。1953年夏秋两季，新布伦瑞克海岸米拉米奇河的鲑鱼从它们觅食的大西洋回到出生地。米拉米奇河上游绿树掩映，溪流在此汇合，清凉澄澈的小溪缓缓流过。秋日时节，鲑鱼就把卵产在河床的沙砾上。云杉、香脂树、铁杉和松树在这一地区构成了巨大的针叶林区，这给鲑鱼提供了适宜的产卵环境。

　　这种模式从很久之前就一直重复上演，这使得米拉米奇河变成了北美地区最优质的鲑鱼产区。但是就在那一年，这种模式被打破了。

　　在秋冬两季，大个的带有硬壳的鲑鱼卵就躺在河底母鱼挖好的浅槽中。在寒冷的冬日，鲑鱼卵发育得很缓慢，等到了春天，树林中的溪水融化之后，幼鱼才会被孵化出来。一开始，幼鱼藏身于河底的砾石之中，只有半英寸长，它们不进食，只靠着一个大卵黄囊生存。直到这个卵黄囊被完全吸收掉，它们才开始在溪流中寻找食物。

　　1954年春天，米拉米奇河里有数不清的刚孵化出来的幼鱼，还有一两年前孵化出来的鱼身上点缀着炫目条纹和鲜红色斑点的鲑鱼。这些小鱼们在溪水中贪婪地寻找着各式各样的怪异昆虫。

　　随着夏日的到来，所有的一切都在发生着变化。米拉米奇西北部流域被列入一次大规模的喷药行动之中。去年，加拿大政府出于治理云杉蚜虫的目的推行了这项计划。这种蚜虫是一种侵害多种常绿树木的本地昆虫。在加拿大东部，这种昆虫每隔35年就会爆发一次。20世纪50

年代初期就出现了蚜虫大爆发。人们为了与之对抗，开始施用DDT，最初只是在小范围内施用，而到了1953年，施药节奏突然加快了。在这之前，只有数千英亩的森林被喷洒了药物，而现今已经扩大到数百万英亩，喷药计划的目的是为了挽救纸浆和造纸的主要原料——香脂树。

于是在1954年6月，飞机光顾了米拉米奇河西北流域的森林，白色的烟雾在空中划出了错综复杂的飞行轨迹。每英亩森林喷洒了0.5磅的DDT，药剂透过香脂树，滴落在地面上，也落在了溪流中。飞行员只想着完成自己的任务，并没有避开河流，也没有在飞过溪流的时候将药物喷嘴关掉。但是实际上，只要有一丝风吹草动，雾剂就能飘散很远，即使他们特意这么做了，也没有什么效果。

在这样一幅尸横遍野、大肆毁坏的悲惨情景中，小鲑鱼也无法置身事外。到了8月时，没有一条小鲑鱼在它们春天曾停留的河床的沙砾上出现。一年的繁殖成果已经全然不见了。1岁或者更大一点儿的鲑鱼，情况要稍微好一些。当飞机飞过的时候，1953年孵化的正在河中觅食的每6条小鲑鱼中，只有1条能侥幸逃脱。1952年孵化的鲑鱼，几乎已经准备好奔赴大海了，也死去了三分之一。

这些事实之所以为人所知，是因为加拿大渔业研究会自1950年起，就开始对米拉米奇河西北流域的鲑鱼进行研究。每年，他们都会对河中的鲑鱼做一次调查。生物学家所记录的内容包含：洄游繁殖的成年鲑鱼的数量，每个年龄段小鲑鱼的数量，以及在河流中生存的鲑鱼和其他鱼类的正常数量。有了这些喷药前情况的完整记录，就能较为精确地计算喷药后所造成的损失了。

这项调查不仅显示了小鲑鱼所遭受的损失，还揭露了河流本身所发生的巨大变化。反复的喷药行为现今已然完全改变了河流的环境，造成了作为鲑鱼和鳟鱼食物的水生昆虫全军覆没。即使喷过一次药，昆虫也需要很长时间才能恢复到能够支撑一个正常鲑鱼群的数量——所需的时间不是以月计，而是以年计。

如摇蚊和黑蝇这类较小的昆虫，恢复起来很快。它们是最适合几个月大的鲑鱼苗食用的食物。但是较大的水生昆虫恢复起来就比较慢了，它们是两三岁的鲑鱼的食物。这些食物是石蛾、石蝇和蜉蝣的幼虫。在DDT侵入河流的第二年，除了偶然碰到了一只小石蝇外，幼鲑难以寻觅到其他的食物。为了努力增加天然食物，加拿大人尝试在米拉米奇河贫瘠的水域培育石蛾幼虫和其他昆虫。但是，如果再次喷药，这些培育出来的昆虫必定会被清除掉。

蚜虫的数量没有如预期一样减少，反而更变本加厉了。从1955到1957年，新布伦瑞克省与魁北克省的各个区域反复喷药，有些地方甚至被喷洒了3次之多。到了1957年，已经有1500万英亩的土地喷洒了药物。当喷药暂停之后，蚜虫的突然爆发，导致在1960年和1961年又各喷药一次。确实，没有任何迹象表明喷药计划只是权宜之计（旨在通过连续几年喷药，将树木从脱叶死亡的情况中挽救出来），因而伴随着喷药的进行，副作用也在延续。为了将鱼类的损失降低到最小限度，在渔业研究会的建议下，加拿大林业局把DDT浓度从每英亩0.5磅降到0.25磅（在美国，每英亩1磅的致命标准仍在使用）。现今，在连续几年对喷药效果进行观察之后，加拿大人发现了一个进退两难的境况，但是唯一能肯定的是，若是继续喷药的话，对于那些喜欢垂钓鲑鱼的人来说，这没有什么好处。

一系列不同寻常的事件的组合将米拉米奇河西北部的鱼类从预计要走向的毁灭之中给拯救了出来，但这样巧合的井喷事件在一个世纪之内再也不会出现了。我们有必要知道这里发生了什么事，以及发生这些事的原因。

正如我们所知，在1954年，米拉米奇河西北流域已经喷洒了大量药物。这之后，除了1956年在一个狭窄地带再次喷药之外，整个支流上游再未喷洒过药物。1954年秋天，一场热带风暴对米拉米奇河的鲑鱼的命运产生了一定的影响。艾德娜飓风一路北上，将一场倾盆大雨带至新英格兰地区和加拿大海岸，由此形成的洪流裹挟着大量淡水远奔入海，招来了很多鲑鱼。因此，可供产卵的河床的砾石之间出现了异常多的鱼卵。1955年春天，在米拉米奇西北部孵化的幼鲑发现这里是生存的理想环境。虽然前一年，DDT将所有的水生昆虫都杀死了，但是最小的昆虫——摇蚊和黑蝇，已经恢复了。它们是幼鲑的主要食物。因此那一年的鲑鱼苗不仅寻觅到了丰富的食物，而且几乎没有竞争者。这是因为，较大的幼鲑已经在1954年被药剂毒死了。相应地，1955年的鲑鱼苗生长迅速，并且有大量的鲑鱼苗存活了下来。它们很快在河流中完成了发育，之后奔赴大海。1959年，它们其中的许多鲑鱼又返回当地的河流，并且产下了大量的鲑鱼卵。

米拉米奇西北流域状况相对良好，因为那里只喷过一次药。反复喷药的后果可以在其他河段中明显看出来，那里的鲑鱼数量正在锐减。

在所有喷过药的河流中，各阶段的幼鲑都很难见到。据生物学家报告，鲑鱼苗常常会"几乎伤亡殆尽"。米拉米奇河西南段在1956年和1957年都喷过药，结果1959年的捕鱼量是10年间的最低点。渔民议论说在洄游的鱼群中，鲑鱼急剧减少。在米拉米奇河口的采样处，1959年洄游的幼鲑仅是上年的四分之一。1959年，米拉米奇河首次入海的2岁幼鲑仅有60万只，不到过去3年中任意一年的三分之一。

在这样的背景下，新布伦瑞克的鲑鱼业只能寄希望于找到一种能代替DDT洒向森林的化学药剂。

除了林间喷药的程度和所能搜集到的详尽事实之外，加拿大东部的情况并不特殊。缅因州也有云杉和香脂树林，也面临昆虫防治问题。它也有鲑鱼洄游——这是冰川时代的遗留物，即使生物学家和环保人士想为河中的鲑鱼保留这仅剩的栖息地，工业污染和大量原木的阻塞也使河流不堪重负。尽管喷药被作为一种对付无处不在的蚜虫的武器，但是受到影响的区域却相对较小，而且也没有对鲑鱼产卵的主要河流造成影响。但是缅因州内陆渔猎管理局对一个区域所做的鱼类状况观察，可能是一个凶险的先兆。

该局报告说："1958年喷药后不久，在大戈达德河中立马就发现了大量濒死的印鱼。它们呈现出DDT中毒的典型症状：游动姿势奇怪，浮出水面大口喘气，不住颤抖、痉挛。喷药之后的5天之内，在两张渔网中发现了668条死印鱼。在小戈达德河、卡里河、阿尔德河以及布雷克河，均发现了大批死亡的鲦鱼和印鱼。常常有一些虚弱、濒死的鱼儿顺流漂下。有些地方在喷药一周之后，还会发现变瞎和濒死的鳟鱼顺着河水漂下。"

（各种研究证实DDT可能导致鱼类变瞎。1957年，一位对温哥华岛北部的喷药进行观察的加拿大生物学家报告说，原本很是凶猛的鳟鱼，现在可以轻而易举地用手从河里捞出，因为它们游动缓慢，根本无法逃脱。经检测发现，鳟鱼的眼睛蒙上了一层白膜，这表明它们的视力已经遭受了损伤或者完全丧失。加拿大渔业局的研究显示，那些在浓度为百万分之三的DDT中侥幸逃脱的银鲑都出现了眼盲症状，表现为晶体混浊。）

但凡有森林的地方，昆虫防治的现代方法就会威胁到栖息于树荫之下的溪流中的鱼类。1955年，在黄石公园及其周围喷药造成了美国鱼类被毁灭就是其中最著名的一个例子。那年秋天，黄石河中发现的大量死鱼，深深震惊了渔猎爱好者和蒙大拿渔猎管理人员：约90英里的河流受到影响，在300码[①]长的一段河岸线，发现了600条死鱼，其中包括褐鳟鱼、白鱼和印鱼。鳟鱼的天然食物——水生昆虫也消失不见了。

林业局的官员宣称他们是根据每英亩1磅DDT的"安全"标准的相关建议来执行的。但是喷药所带来的后果却表明此种建议远不如听上去那么可靠。1956年，蒙大拿渔猎局与另外两个联邦机构——鱼类及野生动物管理局和林业局，开始进行联合研究。在同一年，蒙大拿州一共在90万英亩土地上喷药；1957年，又处理了80万英亩。所以生物学家轻易就能找到研究对象。

死亡的方式总是以一种典型的模式呈现出来：森林上空飘散着DDT的气味，一层油膜覆盖在水面之上，河岸边是死去的鳟鱼。不管对活鱼还是对死鱼做检测，都发现在鱼体内残留着DDT。就如加拿大东部一样，喷药所造成的最严重后果就是生物饵料的锐减。在很多被研究区域内，水生昆虫和其他河底生物的数量减少到了原来的十分之一。鳟鱼赖以生存的昆虫一旦遭到毁灭，需要很长的恢复时间。即使在喷药之后的来年夏末，也只有少量的水生昆虫能够恢复。在一条曾经分布着异常丰富的底栖动物的河流之中，现在已经什么都没有了。这条河里可供垂钓的鱼也减少了百分之八十。

---

① 码：英美制长度单位，符号 yd。1 码等于 3 英尺，合 0.9144 米。

　　鱼不一定会立即死亡。事实上，死亡延缓比立即死去的后果更严重。正如蒙大拿州的生物学家发现的那样，由于死亡延缓发生在鱼汛之后，所以很容易被忽略。在进行研究的河流中，产卵鱼类大量死亡，包括褐鳟鱼、河鲑和白鱼。这不足为怪，因为不管是鱼还是人，所有的生物在生理应激期，都要将存储的脂肪消耗掉用来提供能量。这表明存储在组织内的DDT完全能使鱼类死亡。

　　这样我们就能更加清楚地看到每英亩喷洒1磅DDT会对生活在林间河流中的鱼类构成严重威胁。除此之外，对蚜虫的控制也没有奏效，很多地方只能按计划继续喷药。蒙大拿渔猎局对进一步喷药的行为表达了强烈的不满，说其"不愿意仅仅为了一项必要性和功效都值得怀疑的计划"而将渔业资源牺牲掉。但是该局又宣称将继续与林业局加强合作，"决心要降低副作用"。

　　但是这种合作真的能在拯救鱼类方面取得成功吗？不列颠哥伦比亚省的经验能对这一点做充分的说明。黑头蚜虫已经在那里横行了很多年，林业局的官员担心下一个季节性的树木脱叶会造成树木大量死亡，于是在1957年决定采取措施。他们与渔猎局商讨多次，渔猎局的官员们担心这会对洄游的鲑鱼造成伤害。森林生物分局同意在不影响其效果的前提下，对喷药计划做出调整，以减少对鱼类的危害。

　　虽然采取了预防措施，也确实做出了努力，但是至少有4条河流之中的鲑鱼全部被杀死了。

　　在其中一条河流中，4万条洄游银鲑中的幼鲑全部覆灭。几千条年幼的硬头鳟和其他种类的鳟鱼所遭受的损失同样惨重。银鲑遵循着3年的生活周期，而洄游的银鲑几乎全都是一个年龄段的。银鲑与其他鲑鱼一样，有很强的洄游本能。它们只会返回自己的出生地，而不会游到别的河流中。这也就是说，鲑鱼每隔3年的洄游几乎不复存在了，除非通过精心的人工繁殖或其他方法才能将其恢复。

　　有一些方法，既能保护森林，又能挽救鱼类。假如我们放任自己，将河流变成死亡之所，那么我们就会陷入绝望和失败主义之中。我们必须要拓宽已有的可供选择的方法，并且必须充分利用自己的聪明才智和各种资源去发现新方法。一些记录在案的例子显示，比起喷药，天然的寄生虫病在控制蚜虫方面更有效果。这种自然防控应当被充分利用。我们可以使用毒性更小的药剂，或者利用微生物感染蚜虫，而不会对森林造成破坏，这样做的效果更好。我们将会在本书的后面了解到这些替代方法以及它们的功效。同时，我们应该认识到，对森林中的昆虫进行化学防治，不仅不是唯一的方式，也不是最好的方式。

杀虫剂对鱼类的威胁包括三种类型。如我们所知，第一种是与北部森林河流中鱼类相关的杀虫剂，它与森林喷药有关。这种威胁几乎完全是DDT作用的结果。第二种是大量的、不断蔓延和扩散的杀虫剂，它会对许多鱼类，如鲈鱼、翻车鱼、印鱼、鲑鱼以及全国各地湖泊河流里的其他鱼类造成影响。这一类杀虫剂几乎和目前所有的农业杀虫剂有关，其中一些罪魁祸首很容易被辨别出来，如异狄氏剂、毒杀芬、狄氏剂和七氯等。最后一个问题需要我们现在就开始考虑将来会发生什么，因为揭露与盐沼、海湾、河口中的鱼类有关事实的研究才刚起步。

新型有机杀虫剂的广泛使用无可避免地对鱼类造成了严重伤害。因为鱼类对氯化烃异常敏感，而现代大部分杀虫剂是由氯化烃制成的。当数百万吨的有毒化学药剂与地表接触之后，其中必定会有一部分毒素以各种方式进入海陆之间无尽的水循环之中。

有关鱼类的死亡报告（其中有一些案例中鱼类的死亡率超高），现今已经如此普遍，以至于美国公共卫生署不得不设立办事处来收集各地的报告，作为水污染的指标。

这是一个关系到广大民众的问题。大约2500万美国人将钓鱼视为主要的休闲娱乐活动，另外还有1500万人也会时不时去一展身手。他们每年花费在办理执照、购买装备、露宿器材、汽油以及住宿方面的钱是30亿美元。假如他们无法钓鱼的话，那么将会影响到很多经济利益。商业性渔业就代表着这类经济利益，更为重要的是，它还是一种重要的、不可或缺的食物来源。内陆和海洋渔业（除了近海捕鱼）每年的捕鱼量约30亿磅。然而，正如我们所见到的，杀虫剂现今已经侵入溪流、池塘、江河及海湾，威胁到钓鱼休闲和商业捕鱼。

鱼类因喷洒了农药的农作物而死亡的例子不胜枚举。例如，在加利福尼亚州，由于试图用狄氏剂消灭一种稻叶害虫，导致约6万条可供垂钓的鱼儿死亡，其中主要是蓝鳃太阳鱼，另外一些是翻车鱼。在路易斯安那州，由于在甘蔗地里大量使用异狄氏剂，仅在1960年就出现了30多次鱼类大量死亡的现象。在宾夕法尼亚州，为了杀死果园中的老鼠，施用了异狄氏剂，导致鱼类大量死亡。西部高原使用氯丹控制蚱蜢，结果却毒死了河中大量的鱼。

也许没有什么农业计划能比得上美国南部所执行的规模宏大的喷药计划，为了控制火蚁，他们将数百万英亩的土地都喷了个遍。这次主要使用的化学药剂是七氯，其对鱼类的毒性要逊于DDT。另一种对付火蚁的药物——狄氏剂，会对所有的水生生物造成极为严重的伤害。单是异狄氏剂和毒杀芬就能给鱼类带来更大的威胁。

在所有火蚁控制区域内，不论是使用了七氯还是狄氏剂，都报告说给水生生物造成了灾难性的影响。只凭摘自研究药物伤害的化学家的报告中的只言片语，我们就能嗅到死亡的味道。得克萨斯州的报告说，"尽管我们竭尽全力保护运河，但是还是损失了大量的水生动物"，"死鱼……出现在所有被处理过的水域中"，"连续3周都出现了鱼类大量死亡的现象"。亚拉巴马州的报告提到，"威尔考克斯郡的大部分成年鱼在喷药几天后都死了……季节性水域和小支流里的鱼已经完全灭绝了"。

路易斯安那州的渔民们抱怨着水产养殖的损失。在一条运河上，不足四分之一英里的距离内，就出现了500条死鱼，或是漂在河面上，或是横尸岸边。在另一个教区出现了150条死去的翻车鱼，是占原有数量的四分之一。其他5种鱼似乎已经完全消失了。

在佛罗里达州，取自一个喷药区池塘里的鱼体内发现有七氯和次生化学物氧化七氯的残留。这些鱼包括翻车鱼和鲈鱼，它们都是垂钓者的最爱，也经常出现在人类的餐桌上。食品和药物管理局认为这些鱼体内的化学残留对于人类来说很危险，即使人类只摄入了很小的量。

关于鱼类、青蛙以及其他水生生物的死亡报告源源不断，因此，美国鱼类学家和爬虫学家协会（一个致力于研究鱼类、爬行动物和两栖动物的组织）于1958年通过了一项决议，呼吁美国农业部门和有关部门，"在不可挽回的损失造成之前，应停止从空中喷洒七氯、狄氏剂以及其他毒药"。该协会呼吁人们关注美国东南部种类丰富的鱼类和其他生物，包括世界其他地方没有的一些物种。该协会警示说："这其中的许多动物只生活在很小的区域里，因此很容易全军覆没。"

由于人们使用杀虫剂来对付棉花害虫，南方各州的鱼类也遭受了重大损失。1950年夏天，亚拉巴马州北部的棉花产区就经历了一场浩劫。这之前，少量的有机杀虫剂就能控制象鼻虫。但是由于一连好几个冬天都很温暖，在1950年滋生了大量的象鼻虫，于是，百分之八十到百分之九十五的农民在县农业机构人员的要求下，转向使用杀虫剂。他们所普遍使用的是毒杀芬——一种对鱼类最具杀伤力的毒药。

那年夏天，频繁降雨，强度很大。雨水将药剂冲入河中，于是农民喷洒了更多的药剂。那年每英亩平均喷洒了63磅毒杀芬。有些农民甚至在一英亩的土地上施用了高达200磅的药剂；还有一位农民热情过度，

大量的死鱼让人触目惊心。

在一英亩土地上施用了超过0.25吨的农药。

其结果可想而知，弗林特河就是一个典型的例子，在注入惠勒水库之前，它已经在亚拉巴马州棉产区蜿蜒流淌了50英里。8月1日，倾盆大雨光顾了弗林特河流域。最初是细流，最终形成了洪水，涌入河中。弗林特河的河水上涨了6英寸。次日早晨的景象显示，除了雨水之外，必定还有什么别的东西被冲入河中。鱼儿在水面上漫无目的地打着转，有时它们还会跃出水面跳到岸上，可以很容易就被抓到。一个农民拾起了几条鱼，把它们放入涌泉池中，这些鱼儿在清洁的水中又恢复了过来。但是在河流中，每天都有死鱼顺流而下。而这仅仅是一个序曲，每一次降雨都会将更多的杀虫剂冲入河中，毒杀更多的鱼。8月10日的那一场大雨几乎使河中的鱼儿都死了，以致8月15日的大雨后，毒药被再一次冲进河里，这一次无鱼可杀了。关于这种化学物能够致命的证据是通过将装有金鱼的笼子放入河中得到的，笼子中的金鱼在一天内就死去了。

弗林特河中死亡的鱼类包括大量的白色刺盖太阳鱼，它们是垂钓者的最爱。在河水注入的惠勒水库也发现了大量死亡的鲈鱼和翻车鱼。这些水体中的其他杂鱼也难逃厄运，包括鲤鱼、水牛鱼、石首鱼、黄鱼、鲇鱼等。这些鱼没有出现生病的迹象，只有垂死时的反常行为，还有奇怪的深酒红色鱼鳃。

若是在温暖而封闭的农场养鱼池附近使用杀虫剂的话，那么这种环境对于鱼类而言就变得致命起来。就如很多例子所显示的那样，毒素会随着雨水和径流进入池塘。除此之外，有时候给农田喷药的飞行员在经过池塘的时候，会忘记关闭喷药器，那么药粉会直接落在池塘上。甚至无须如此复杂，正常的农药用量已经远超鱼类的致死剂量了。换句话说，明显减少用量也是徒劳无功的，因为每英亩池塘超过0.1磅的剂量就足够造成危害。毒素一旦进入池塘之后，就难以清除。为了将不需要的银色小鱼从池塘中除去而使用了DDT，将水经过反复放干和冲洗之后，依旧有很强的毒性，之后投入池塘的翻车鱼也被毒死了百分之九十四。显而易见，化学毒素蓄积在池塘底部的淤泥之中。

很明显，比起现代杀虫剂刚投入使用的时候，现在的状况也没有好到哪里去。俄克拉何马州野生动物保护署在1961年的报告中说，他们每周至少接到一次关于养鱼池或者小湖泊有大量死鱼的报告，而此类的报告一直在增加。由于多年来这类受到损害的事情不断发生，人们早已对造成这种损失的原因习以为常了：在农作物上施药，一场大雨降临，毒药就被冲入了池塘。

在世界上一些地方，池塘中养殖的鱼是不可或缺的食物来源。这些地方在使用杀虫剂时将其对鱼类的影响抛诸脑后，从而引发了很多亟待解决的问题。例如，在德罗西亚，浅水中的一种重要食用鱼（卡菲鱼的幼苗）被浓度仅为百万分之零点零四的DDT杀死了。即使更小剂量的其他药剂也是致命的。这些鱼类生活的浅水也是蚊虫滋生的乐土。在控制蚊虫的同时，保护好中非地区重要的食用鱼资源，这个问题显然没有得到妥善解决。

在菲律宾、中国、越南、泰国、印度尼西亚以及印度，虱目鱼的养殖也面临同样的问题。虱目鱼被养殖在这些国家沿海地区的浅水池中。成群的鱼苗会突然出现在岸边的水中（没人知道它们来自何方），它们被捞起来，放入池塘，它们在这里发育成长。对于食用稻米的数以百万计的东南亚和印度的人们来说，这种鱼是一种重要的蛋白质来源。因此，太平洋科学会议提议在全球范围内搜寻它们不为人知的产卵地，进而实现大规模的养殖。然而喷药给现有的养鱼池造成了巨大的损失。在菲律宾，为了控制蚊子而进行的区域性喷药已经使池塘主人们付出了极大的代价。在喷药飞机飞过一个有12万条虱目鱼的池塘后，尽管池塘的主人竭尽全力向池塘注水来稀释毒素，但还是有一多半的鱼儿命丧黄泉。

1961年，位于得克萨斯州奥斯汀市下游的科罗拉多河，发生了近年来最惊人的鱼类死亡事件。1月15日是一个周日，一大早天刚蒙蒙亮，在奥斯汀新城湖湖面上和它下游约5英里的河面上就出现了死鱼。前一天都还好好的。周一的时候，就有来自河水下游50英里的地方的报告，说那里发现了死鱼。这时终于真相大白，一些有毒物质正顺着河流向下游扩散。到了1月21日，在下游100英里处的拉格朗吉附近，鱼儿也被毒死了。一周后，这些化学毒素又在奥斯汀下游200英里处大开杀戒。

在1月的最后一周，当局关闭了近岸内航道的水闸，以阻止毒素进入马塔戈达湾，并将其引到墨西哥湾中。

与此同时，奥斯汀的调查人员留意到一股氯丹和毒杀芬的气味。这种气味在一处排水管道附近尤其强烈。这条排水管道之前一直与工业废水所带来的麻烦有关，当得克萨斯州渔猎委员会的官员从湖泊顺着管道查找源头的时候，他们察觉到了一种似乎是六氯化苯的气味，这种气味一直延伸到一家化工厂的支线。这家化工厂主要生产DDT、六氯化苯、氯丹、毒杀芬以及少量其他杀虫剂。工厂负责人坦陈，最近有大量的药粉被冲进了排水管里，更让人惊讶的是，他还承认在过去10年溢出的杀虫剂和农药残留一直都是这样处理的。

在更进一步的调查中，渔业官员发现，其他工厂的杀虫剂也会被雨水和清洁用水带入排水管里。然而，为整个链条提供最后一环的事实是这样的：在湖泊和河流中的水对鱼类具有致死性之前，为了清理残屑，整个排水系统被几百万加仑的高压水冲洗过了。冲洗的水毫无疑问将藏身于砾石和细沙中的杀虫剂释放了出来，带入了湖泊和河流里，之后的化学实验确认了它们的存在。

当大量的致命毒素沿着科罗拉多河顺流而下，死亡也随之到来。湖泊下游140英里河段里的鱼死亡殆尽，因为之后人们用围网试图捕捞幸免于难的鱼，结果却一无所获。人们在1英里长的河岸边，发现了27种死鱼，总量约为1000磅。这其中有这条河主要的垂钓鱼——叉尾鲇鱼；有蓝鲇鱼、扁头鲇鱼、大头鱼、翻车鱼（4种）、银鱼、鲦鱼、石磺鱼、大嘴鲈鱼、鲤鱼、胭脂鱼、印鱼；还有鳝鱼、雀鳝、河吸盘鲤、黄鱼、水牛鱼。其中有些鱼必然是这条河里的元老，根据它们的个头大小就能判断出它们的年纪，很多扁头鲇鱼的重量超过25磅，据说当地居民还在河边捡到过重达60磅的，据官方记载，有一条巨大的蓝鲇鱼重达84磅。

渔猎委员会估计，即使不会发生进一步的污染，这条河中的鱼群的状况很多年也难会有什么改观。某些种类——那些只在某一区域生存的物种——可能永远都不能自行恢复，其他鱼类也只能依靠大量人工繁殖才能恢复元气。

奥斯汀市的鱼类灾难已经调查清楚了，但是事情远未结束。河水向下游行进了200多英里后，依旧含有毒性。人们认为，若是让这些水流入马塔戈达湾简直太危险了，因为那里有牡蛎和养虾场。于是这些含毒的水被引入墨西哥湾的开放水域。毒素在那里会产生什么作用呢？其他或许也带着同样致命性毒素的河流的汇入又会造成什么影响呢？

目前，我们对这些问题的回答还只是猜测，但是人们开始越发关心杀虫剂对河口、盐沼、海湾和其他水域的影响。这些水域不仅要容纳有毒的河水，有时为了控制蚊子和其他昆虫，还会被直接喷药。

杀虫剂对盐沼、河口以及海湾生物的影响，形象生动地通过佛罗里达州东海岸的印第安河呈现出来了。1955年春天，圣露西县约2000英亩的盐沼上被喷洒了狄氏剂，目的是为了消灭沙蝇幼虫，使用的有效成分约合每英亩1磅。对于水生生物而言，它所带来的影响不亚于一场灾难。国家卫生委员会昆虫研究中心的科学家对喷药后的惨状进行了研究，并做报告说，鱼类的死亡是"彻底的"。海岸上随处都是鱼类的死尸。从空中俯瞰，鲨鱼被无助、垂死的鱼所吸引，正在慢慢靠近。没有鱼类能够逃脱毒手，包括胭脂鱼、锯盖鱼、银鲈、食蚊鱼。

"除了印第安河岸之外，整个沼泽区被毒死的鱼至少有20到30吨，或者至少30种，大约117.5万条，"调查组的R.W.哈灵顿和W.L.比德林梅尔报告说。

软体动物似乎没有被狄氏剂影响。甲壳类生物全部死亡。水生螃蟹受到重创：招潮蟹几乎全部死亡，那些幸免于难的仅在明显是喷药的时候被漏掉的小块区域里苟延残喘了一阵。

较大的垂钓鱼和食用鱼死得最快……螃蟹会爬到濒死的鱼儿身上大吃特吃，但是第二天它们自己也会随之死去。蜗牛会继续吞食死鱼的尸体。两周之后，死鱼的尸体就完全不见了。

赫伯特·R.米尔斯博士在佛罗里达对岸的坦帕湾进行观察后，描绘了同样的悲凉画面，在包括威士忌湾在内的那一区域，奥杜邦协会建立了一个海鸟保护区。具有讽刺意味的是，在当地卫生部门为了消灭盐沼蚊而喷药后，这个保护区就变成了一个避难所。鱼类和螃蟹在这里也是主要的受害者。招潮蟹体形较小，有着斑斓的外壳，当它们在泥地或沙地上成群结队地爬行的时候，就如放牧的牛群一般，对于杀虫剂毫无抵抗力。经过夏秋两季的连续喷洒（一些地区喷药多达16次），正如米尔斯博士总结的那样，"目前，招潮蟹的数量正呈现出明显下降的趋势。在10月12日的潮水和天气状况下，本来应当出现10万只蟹，但是海滩能见范围内只发现了不到100只，这100只中不是已经死亡的，就是病恹恹的，它们不住颤抖、抽搐、步履蹒跚，失去了爬行能力；但是在附近未喷药的地方，仍然有很多招潮蟹。"

对其栖息地的生态而言，招潮蟹具有无可取代的地位。它们是众多动物的食物来源。沿海的浣熊以它们为食，长嘴秧鸡和一些岸鸟以及海鸟也会捕猎它们。在新泽西州一个喷过DDT的盐沼里，笑鸥的数量在几周内就减少了百分之八十五，这可能是因为喷药之后鸟儿的食物不足。招潮蟹在其他方面也发挥着重要作用，它们作为很有价值的食腐动物，通过到处挖掘使沼泽的泥土透气，也给渔民带来了大量饵料。

招潮蟹并不是潮沼和河口地区唯一遭受杀虫剂威胁的生物，其他一些对人类具有更明显的重要性的动物也处在危险之中。切萨皮克湾和大西洋沿岸地区知名的蓝蟹就是其中一例。这种蟹对杀虫剂很是敏感，所以每一次在溪流、水沟和潮沼里喷药都能将大量的蓝蟹杀死。难以消散的毒素不仅将本地的螃蟹毒死，还将那些从海里迁徙过来的螃蟹也一并杀死。有时候中毒可能是间接的，跟印第安河附近沼泽地的情况一样，螃蟹吃了垂死的鱼，之后很快也中毒而亡。对于龙虾所受到的危害，人们知之甚少。然而，它们与蓝蟹一样都属于节肢动物的同一科，有相同的生理特征，因而很可能会受到同样的影响。石蟹和其他作为人类食物具有直接的经济价值的动物——甲壳动物，也面临着同样的问题。

近岸水域（海湾、海峡、河口、潮沼）形成了一个最重要的生态群落。这些水域与各种鱼类、软体动物以及甲壳动物的关系是如此密不可分，一旦这些水域变得不适宜动物生存，那么这些海味将从我们的餐桌上永远消失。

即使那些广布于近海的鱼类，其中很多也要依赖近岸水域来产卵育苗。佛罗里达西海岸三分之一的低地中分布着长满红树的河流，还有运河，数不清的海鲢幼鱼在其中生活。在大西洋沿岸，海鳟、白花鱼、石首鱼会在岛和"堤岸"间的海湾浅滩上产卵，这条"堤岸"像一条保护链排列在纽约南部的岸边。幼鱼孵出后随着潮汐穿过海湾。在海湾和海峡里——克里塔克湾、帕姆利科湾、博格湾等地，它们可以找到食物，并且茁壮成长。这些鱼群若是没有这些温暖、安全、食物丰富的育苗场，根本无法生存。然而，我们却对直接通过河流汇入或者直接被喷洒在沿岸沼泽地的农药熟视无睹。而这些鱼类在幼年阶段，甚至比成年阶段更容易受到化学中毒的影响。

另外，虾也要依靠近海的育苗基地。这种数量丰富、分布广泛的生物支撑着大西洋南部和墨西哥湾地区的渔业。虽然虾是在海中产卵，但是小虾会在几周大的时候游往河口和海湾，在那里蜕皮并不断发育。从五六月份一直到秋天，它们会一直停留在那里，以水底的残屑为食。在整个的近海生活期间，虾群的数量和捕虾活动都取决于河口的条件是否适宜。

杀虫剂是否会对捕虾业和虾的供应形成威胁？答案可能就在商业渔业局最近所做的实验中。刚过了幼年期的商业养殖虾对杀虫剂的抵抗力非常低，大约是十亿分之一，而不是常用的百万分之一的标准。例如，在一次实验中，浓度仅为十亿分之十五的狄氏剂就将虾毒死了一半。而其他的化学药剂具有更强的毒性。异狄氏剂是各种化学药剂中毒性最强的，当浓度仅为十亿分之零点五，就将一半的虾杀死了。

牡蛎和蛤蜊所受的威胁更为严重，同样也是幼体最易中毒。这些甲壳动物生活在从新英格兰到得克萨斯州的海湾、海峡和感潮河的底部，以及太平洋海岸的庇护区域。虽然成年甲壳动物不再迁徙，但是它们会把卵产在海洋中，在海洋中幼体在几周内就能自由活动了。某个夏日，一条船如果拖着一张遍布细孔的拖网，就会捕捉到各种浮游生物，其中可能夹杂着极其细小、如玻璃般脆弱的牡蛎和蛤蜊幼虫。这些透明的幼虫还没有一粒微尘大，它们成群结队地在水面游动着，以微生物为食。若是海洋中没有了微生物，它们就会被饿死。然而，杀虫剂恰好可以将大量的浮游生物杀死。一些用于草坪、耕地、路边，甚至是海岸沼

泽的除草剂对浮游植物来说具有极大的危害，有一些只需要十亿分之几就足以产生致命影响。

脆弱的幼虫也会被极少量的杀虫剂杀死。即使接触到少于致命剂量的杀虫剂，幼虫最终也会死去，因为它们的发育被毒素延缓了。这意味着它们必须在危险的浮游生物中生活更长时间，这样就减少了它们成长为成体的机会。

对于成年软体动物而言，直接中毒的危险明显较小，至少对于某些杀虫剂是这样。但是这不意味着它们可以高枕无忧。毒素会不断在牡蛎和蛤蜊的消化器官和身体组织中积蓄。人们吃这两种食物时，经常全部吞下，有时还会生吃。商业渔业局的菲利普·巴特勒博士曾说过一个不祥的比喻，我们的处境可能与知更鸟一样悲惨。他提醒说，知更鸟不是因为直接与DDT接触而死亡的，它们是在吃了含有杀虫剂的蚯蚓之后才命丧黄泉的。

虽然昆虫防治直接造成河流或者池塘的鱼类和甲壳动物突然死亡的后果让人痛心和震惊，但是随着河流、小溪间接进入河口的杀虫剂所带来的看不见的、难以估量的影响最终可能会更具灾难性。总体形势困局重重，目前尚未形成令人满意的答案。我们知道，农田和森林的杀虫剂通过河流进入海洋。但是，我们并不知道这些杀虫剂的种类有多少，数量有多大。一旦毒素进入海洋，就会被高度稀释，目前我们还没有可靠的方法能在此种情况之下检测它们的种类。虽然我们知道化学品在漫长的旅途中肯定发生了变化，但是我们不知道它们的毒性究竟是变强还是变弱。另一个有待探索的就是化学品之间的反应问题，当它们进入各种矿物质混杂、转化的海洋时，这一问题显得尤为紧迫。所有这些问题都急需通过全面的研究才能找到准确的答案，然而用于这方面的研究经费却少得可怜。

淡水和海洋渔业关乎许多人的利益和福祉，它们的重要性不言自明。毋庸置疑，现今它们受到了水体中化学品的严重威胁。如果我们能从每年花在研制毒性愈来愈强的药剂的经费中拿出一小部分，用来投入建设性研究之中，那么我们就能找到使用危险性较小的物质的方法，并且使河流免受毒剂的危害。公众什么时候会认清事实，主动要求采取这样的行动呢？

第十章　祸从天降

最初在农田和森林上空的喷药范围是很小的，但之后一直在扩大，用药量也随之一直在增加，所以一位英国的生态学家将之称为喷洒在地面的"一场骇人的死亡之雨"。我们对毒素的态度已经发生了微妙的变化。这些化学品曾经装在标有骷髅图案的容器中，也会说明它们仅用于那些敌害目标，要小心谨慎，不能让其与其他任何东西进行接触。但是随着新型有机杀虫剂的增加，加上"二战"之后飞机数量过剩，这些注意提醒都被抛诸脑后。虽然比起以往的化学品，现在的化学品更为危险，但是令人费解的是，人们还是肆意将其从空中抛洒下去。在被化学药剂覆盖的地区，不单是虫害和植物会成为打击目标，各种生物（人和其他生物）都会深受其害。喷药行为不仅在森林和耕地上进行，城镇乡村也难逃毒手。

现今已经有很多人对这种大规模的空中喷药行为深感担忧，20世纪50年代末的两场大规模喷药行动更是加重了人们的疑虑，这两次喷药行动分别是为了消除东北部各州的舞毒蛾和南部的火蚁。这两种昆虫都不是当地原生的物种，但是都已经在美国存在了很多年，并没有引发什么严重的危害，因而没有必要采取极端的措施。然而在农业昆虫防治部门"为达目的不择手段"的指导方针下，人们还是断然对它们进行了猛烈的攻击。

消灭舞毒蛾的行动表明，若是用轻率的、大规模

那漫天飞舞的不是雪花，不是水的精灵，是落下即会弥散开的"死亡之雨"。一个简单的描述，渲染了恐怖的气氛。

字里行间透露出愤怒、谴责与心酸！

"贸然行动"四个字显示出人类在进行防治计划时的草率和不负责任。

的行动纲领取代了局部的、有节制的防治计划，会带来多么大的损失。而消灭火蚁的行动就是这样一个小题大做的典型案例：在没有弄清楚消灭害虫所需的剂量，以及可能给其他生物带来的影响之前，就贸然行动。最终这两次行动都以失败告终。

舞毒蛾原本在欧洲生活，它进入美国已经有将近100年的时间了。1869年，一位法国科学家奥博德·特罗威特在马萨诸塞州梅德福市设立的实验室里尝试将舞毒蛾与家蚕杂交，在实验过程中不慎将几只舞毒蛾放了出去。这种蛾子逐渐在新英格兰地区扩散开来。导致这种现象的主要原因是风，舞毒蛾幼虫重量很轻，可以被风吹到很远的地方。另外一个原因是植物的传送，它们携带着大量的越冬的虫卵。舞毒蛾毛虫在每年春天连续数周的时间内，会破坏橡树和其他硬木的叶子，它们现今已经广泛分布于新英格兰的所有地区。新泽西州也有舞毒蛾零星出现的痕迹，它们是随着1911年一批从荷兰运来的云杉树一道来的。它们是通过何种路径进入密歇根州的，目前还不得而知。1938年，新英格兰的飓风将舞毒蛾带到了宾夕法尼亚州和纽约州。不过阿迪克朗达克山充当了屏障的作用，阻挡了它们西行的步伐，那里所生长的树木对舞毒蛾来说没有吸引力。

人们竭尽全力将其限制在美国东北一隅，而舞毒蛾首次出现在美国之后的近100年的时间里，并没有什么证据能证明它们侵入了阿巴拉契亚山脉的硬木林，显然这么想是多虑了。从国外引进的13种寄生虫和捕食性昆虫已经在新英格兰地区繁盛起来。农业部也认可了引进计划的效果，认为舞毒蛾泛滥的频率和危害因它们的到来而大为降低。这种天然防控手段，加上建议措施以及局部喷药的方法，达到了农业部在

1955年所描述的目标："出色地限制了舞毒蛾的扩散和危害。"

仅仅在上述表态发布一年后，农业部植物虫害防治部门就开展了一项新计划，宣称要完全"根除"舞毒蛾，每年要在几百万英亩的土地上喷药（"根除"是指彻底将一个物种从其分布范围内铲除。由于几次计划连续以失败告终，农业部不得不一而再再而三地用到"根除"这个词）。

农业部倾尽全力开展了大规模的化学战。1956年，农业部对分布于宾夕法尼亚州、新泽西州、密歇根州和纽约州的近100万英亩土地进行了喷药处理。这些地区的人们对喷药所带来的损害怨声载道。随着大规模喷药这一模式的确立，环保人士越来越感到不安。1957年，当农业部宣布要对300万英亩的土地喷药后，反对的声音越发强烈。州政府和联邦的农业部官员对此情况总是耸耸肩，觉得根本不值一提。

长岛在1957年被列入喷药范围中，它主要包括人口稠密的城镇和郊区，还有一些与盐沼毗邻的海岸地区。除了纽约市，长岛纳苏郡是纽约州人口最多的地区。"纽约市区会受到虫害威胁"这样的说法被拿来用作喷药的依据，这真是荒唐至极。因为舞毒蛾是一种森林昆虫，不会生活在城市，也不会生活在牧场、耕地、花园或沼泽。然而在1957年，美国农业部和纽约农业与商业部所雇用的飞机依旧将DDT不偏不倚地从空中洒下。菜园、奶牛场、鱼塘、盐沼都被洒了药。飞机飞到郊区时，一名家庭主妇正忙着遮住自己的花园，她的衣服被药剂打湿了，正在玩耍的孩子们和火车站的上班族也被洒上了药剂。在希托基特，一匹优良的夸特马喝了处在飞机喷药区域的水槽中

面对喷药后所带来的种种损失，民众纷纷表示抗议，政府部门对此却漠然置之。这两种态度的对比给我们带来了怎么样的思考？

的水，结果10个小时后就死了。汽车上被喷得油渍斑斑，花儿和灌木丛也被毁了。鸟、鱼、蟹以及很多益虫也都一并被毒死。

在世界著名鸟类学家罗伯特·库什曼·墨菲的带领下，一群长岛市民上诉法院，要求下达制止1957年喷药计划的禁令。最开始这项上诉被法院驳回，无可奈何的市民只能被迫忍受从天而降的DDT，但是他们仍旧坚持上诉，要求下达永久禁令。然而由于这项行动已经开展了，法院判定市民要求下达禁令是"没有意义"的。这件案子一直上诉到最高法院，却被最高法院拒绝审理。针对这一决定，威廉姆·道格拉斯法官表示了强烈不满，他说："关于DDT的危害，许多专家和官员都已提出了警告，这说明了此案件对于民众的重要意义。"

长岛市民提出的诉讼最起码使公众开始关注大规模使用杀虫剂的问题，并注意到了昆虫防治管理中对公民个人财产权利的漠视。

对很多人而言，消灭舞毒蛾使牛奶和农产品受到污染是一个不幸的意外事件。纽约州维斯切斯特郡北部200英亩的沃勒农场所遭遇的事情就是其中一例。沃勒夫人曾特意请求农业官员不要在她家的农场上洒药，但是向森林喷药的时候，根本就避不开她的农场。她曾提出可以采用检查农场土地的方法，若是发现舞毒蛾，就有针对性地对某些区域进行喷洒。虽然农业官员们对此做出保证，但是她家的农场还是被直接喷洒了两次药物，还受到了两次从附近飘来的药物袭击。48小时后，在沃勒农场格恩西纯种奶牛的牛奶样品中，检测出DDT浓度为百万分之十四。野外的草料也被污染了。尽管当地卫生部门了解事情的来龙

"没有意义"四个字显得客观而冷静，却将政府官员的无作为表现得淋漓尽致。

去脉，但是没有禁止牛奶的销售。这只是一个典型的消费者缺乏保护的案例，而类似的事情却层出不穷。虽然食品和药物管理局禁止出售含有残留杀虫剂的牛奶，但是这一禁令并没有被严格执行，它仅对州际交易有效。而在州内以及郡县没有必要遵守联邦杀虫剂的规定，除非本地的法律和联邦法律一致，但是这种可能性很小。

　　商用蔬菜园同样深受打击，一些蔬菜的叶子上遍布着窟窿和斑点，无法上市出售。而其他蔬菜上面含有大量农药残留，康奈尔大学农业实验中心在一个豌豆样品中检测到浓度为百万分之十四到百万分之二十二的DDT，而法律规定的最高限度为百万分之七。因此，蔬菜种植者们蒙受了巨额损失，或者发觉自己处于售卖带有农药残留的农产品的状况之中。他们中的一些人申请并获得了赔偿。

　　随着空中喷洒DDT的事件逐渐增多，法院接到的诉讼也大大增加，其中一些上诉者是来自纽约州的养蜂户。在1957年之前，他们就因为喷洒在果园的DDT而蒙受了巨大的损失。一位养蜂户痛苦地说："直到1953年，我一直都把国家农业部和农学院的每个政策当作真理。"但是在1953年5月，州政府对一大片区域喷药后，他损失了800个蜂群。因为损失范围是如此之广，程度是如此严重，另外14个养蜂户和他一起状告州政府，要求州政府赔偿他们损失的25万美元。另一位失去了400个蜂群的人说，一片林区的工蜂（外出采蜜并传授花粉）全部被杀死了，在另一片喷药较轻的农场，百分之五十的工蜂被毒杀了。他写道："在5月的时候走进院子里，却听不到蜜蜂嗡嗡鸣叫，真是件令人万分沮丧的事情。"

是什么让他们掩盖事情的真相？

养蜂户的话，与那些政府部门的官员的行为形成鲜明的对比，具有强烈的讽刺意味。

在根除舞毒蛾的计划中满是不负责任的行为。由于喷药佣金结算不是根据喷洒的面积，而是根据喷药量，所以飞行员就没有必要有所保留，很多地方不止被喷洒过一次。空中作业合同常常被州外的公司拿下，他们并没有在州政府注册，因此也没有明确的法律责任。在这种情况之下，蒙受直接损失的居民毫无办法，他们不知道到底该去控告谁。

在1957年的灾难之后，喷药计划的支出突然被缩减了，相关部门还发表了一个措辞含糊的声明，说要对过去的工作进行"评估"，并测试其他可选择的杀虫剂。1957年的喷药面积为350万英亩；1958年为50万英亩；1959到1961年，又降到了10万英亩。在此期间，昆虫防治部门一定对发生在长岛的事情深感忧心。舞毒蛾再次出现，且数量惊人。花费不菲的喷药计划原本是要根除它们，结果却没有奏效，还使农业部失去了公众信任和良好信誉。

与此同时，农业部病虫害防治人员暂时将舞毒蛾抛诸脑后，转向在南部开始另外一项更为野心勃勃的计划。"根除"又一次轻易出现在农业部的文件中——这一次，在文件中他们承诺要彻底根除火蚁。

火蚁，因其火红的毛刺而得名，它似乎是由南美经亚拉巴马州莫比尔港进入美国的。第一次世界大战后不久，莫比尔港就发现了火蚁的踪影。到了1928年，火蚁已经扩散到了莫比尔郊区，之后继续扩散，现今已经侵入了南部大多数州郡。

自火蚁进入美国40多年来，似乎从未引起人们的注意。只有在火蚁数量庞大的州，人们才会将之视为一种讨人厌的存在，这主要是因为它们会筑起一英尺多高的巢穴。而这些巢穴会妨碍农机作业。它们只登

在针对舞毒蛾的防治计划失败之后，相关部门并没有吸取教训，而是又开了新一轮的计划，所谓"根除"计划，真的能够奏效吗？

上了两个州的害虫名单，而且位列名单底部。不论是政府还是个人，似乎都觉得火蚁不会对牲畜和农作物造成什么威胁。

随着具有强大杀伤力的化学药剂被研制出来，官方对待火蚁的态度突然发生了变化。1957年，美国农业部发动了历史上最引人注目的宣传活动。火蚁突然之间变成了官方媒体、电影镜头、政府报告中的密集攻击目标，在这些宣传品中大肆宣扬火蚁是谋害南部的鸟类、牲畜和人类的凶手。人类开始了声势浩大的行动，在本次行动中，联邦政府将与深受其害的南方9州联合，对约2000万英亩土地进行处理。1958年，当根除火蚁的计划正在如火如荼地开展的时候，一家商业杂志兴奋地报道："随着美国农业部开展的大规模害虫清除计划逐步实施，美国农药生产商将会迎来一次销售热潮。"

除了"销售热潮"中的受益人，从未有什么计划如这次喷药计划一样被公众如此彻底而又颇有理据地指责。这是一个考虑不周、执行力差、十分有害的大规模防治昆虫的典型事例，其所带来的后果是劳民伤财、残害生命，还让公众失去了对农业部的信任。但是，让人难以理解的是竟然还有持续不断的资金被投入这个项目。

这些不足信的说辞最初却获得了来自国会的支持。他们声称火蚁会通过破坏农作物，袭击在地面上筑巢的鸟类的幼鸟，进而对南部农业造成严重威胁。还有人说，它们的刺对于人类健康来说，是一大威胁。

这些说法听上去如何？想得到拨款的农业部观察员所做的声明与农业部重要文件的内容并不一致。

对官方对待火蚁的态度充满了嘲讽。这次行动来得毫无根据，似乎全凭个人喜好。

那见钱眼开的嘴脸跃然纸上。

1957年的公报《为了控制昆虫损害庄稼和牲畜——杀虫剂推荐品牌》中并没有提到火蚁。如果农业部承认这份公报确实出自其手，那么这是一个令人惊讶的遗漏。除此之外，1952年农业部出版的《昆虫百科年鉴》，在其长达50万字的篇幅中只有一小段提到了火蚁。

亚拉巴马州农业实验中心经过仔细研究得出了与农业部所称火蚁毁坏庄稼、攻击牲畜的毫无根据的指责相反的结论，这里的人对火蚁相当熟悉。据亚拉巴马州的科学家说："很少见到火蚁毁坏植物。"F.S.艾伦特博士是亚拉巴马州工学院的昆虫学家，在1961年开始担任美国昆虫协会主席，他说："在过去5年没有收到任何一个关于火蚁破坏植物的报告……也没有发现牲畜遭受其害。"这些专家通过观察在野外和实验室中的火蚁得出结论，它们主要是以其他昆虫为食，这些昆虫中有很多对人类来说是害虫。有人观察到火蚁会吃掉棉花上的象鼻虫的幼虫。它们堆土筑巢的行为也会使土壤疏松通气，便于排水。密西西比州立大学所做的调查为亚拉巴马州的研究结论提供了强有力的支持，而且这些调查相比农业部的证据，更加有说服力，因为农业部只是凭借着经验或者对农民的访问而得出结论，而这些农民很容易将不同种类的蚂蚁混淆。在一些昆虫学家看来，火蚁的生活习性会随着其数量的增加而产生变化，因此几十年前的观察结果没有什么可取之处。

火蚁会对人类健康造成威胁同样也是人为杜撰的。在一部农业部赞助的宣传电影中（旨在为喷药计划争取支持），围绕火蚁的刺炮制了很多恐怖镜头。被火蚁刺到的确很疼，人们经常被提醒要小心这

在做决策的时候，要立足于实际，不能凭空臆断。只有在大量的事实面前，才能做出更好的决策。

些刺，就如要小心黄蜂或蜜蜂的刺一样。个别敏感的
人偶尔会出现严重的反应，医学文献中记载了可能是
由火蚁毒液引起的一起死亡案例，但是这并没有被证
实。相较而言，人口统计局仅在1959年一年，就记录
了33人因被蜜蜂和黄蜂蜇刺而亡，但是，并没有人提
议要"根除"这些昆虫。

当地的证据仍然是最有说服力的。虽然火蚁在亚
拉巴马州已经存在了40多年，并且数目庞大，但是当
地卫生官员称："从没有关于人类被火蚁叮咬而亡的
记录。"他认为，由于被火蚁叮咬而引起的病例也是
"偶发"的。火蚁在草坪或者操场筑巢，孩子们因此
可能被其叮咬，但是这绝对不是可以给数百万英亩土
地喷药的借口。这种情况能够通过有针对性地处理一
些巢穴而被轻易解决。

而火蚁危害鸟类的言论也是武断的。亚拉巴马州
奥本市野生动物研究中心主任莫里斯·F.贝克博士在
这方面最具发言权，他在这一地区已经有了多年的丰
富工作经验。贝克博士的观点与农业部的看法截然相
反。他说："在亚拉巴马州南部和佛罗里达州西北部，
我们可以搜寻到很多鸟，而且美洲鹑能与大量输入的
火蚁共存……自亚拉巴马南部有了火蚁40年来，鸟的
数量稳步增长。当然，如果输入的火蚁对野生动物造
成了巨大危害的话，那么这种情况是不会发生的。"

那些用来对付火蚁的杀虫剂会给野生动物带来什
么样的后果是另一个问题。这次行动中所使用的化学
药剂是狄氏剂和七氯，它们都属于相对比较新的药物。
这两种农药没有在野外使用的经验，没有人知道若是
大规模喷洒，会对鸟类、鱼类以及哺乳动物产生什么
影响。当时所能了解到的信息就是这两种药剂的毒性

同样的情况不同的遭遇，"害"与"益"只是根据对人类的利益而言。

都超过DDT很多倍，DDT在那时已经使用了将近10年时间了，即使每英亩施用1磅的剂量，也能毒死一些鸟类和很多鱼类。但是狄氏剂和七氯的剂量更重，大部分情况下，每英亩施用2磅的剂量，如果也一并控制白缘甲虫的话，狄氏剂的施用剂量则是3磅。据它们对鸟儿的毒性而言，七氯的规定剂量相当于每英亩20磅的DDT，而狄氏剂则相当于每英亩120磅的DDT！

以精准的数据说明毒性之大，更具说服力。

大多数州环保部门、国家环保机构、生态学者以及一些昆虫学家都对此发出了紧急抗议，呼吁当时的农业部长伊拉斯·本森推迟计划，至少要等调查清楚七氯和狄氏剂对野生动物和家畜的影响，并掌握控制火蚁所需的最小剂量之后再行动。有关部门对这些抗议置之不理，喷药计划依旧在1958年如期开展。第一年就有100万英亩土地被处理了。很明显，这之后的任何研究都只不过是马后炮了。

随着喷药行动的推进，州和联邦的野生动物机构的生物学家以及一些大学所做的研究逐渐将真相揭开。据研究显示，某些地区喷药之后，对野生动物造成的损失一直在扩大，甚至导致彻底的灭绝。很多家禽、牲畜和宠物也被毒死了。而农业部却以这些伤亡报告过分夸大和具有误导性为由，将它们一笔勾销。

这是对当权者不留情面的直接控诉。

但是事实还是在继续累积。例如，在得克萨斯州哈丁郡，负鼠、犰狳以及大量浣熊在喷药过后几乎完全消失了。即使在喷药之后的第二年秋天，这些动物依旧踪迹难寻。在这一地区发现的几只浣熊体内也检测出了化学物质残留。

在喷药地区所发现的死鸟吸收或是吞食了用来对付火蚁的药剂，对鸟类的身体组织进行的化学分析也证明了上述事实（唯一以一定数量幸存下来的是

麻雀，其他地区的情况也证明它们免疫力较强）。在
1959年喷过药的亚拉巴马州的一片土地上，有一半的
鸟儿被杀死了。而在地面上活动或者经常在低矮植被
间活动的鸟儿则全部死亡。即使在喷药行动一年后，
春天还是会出现鸣禽死亡的现象，很多适宜筑巢的地
方都一片寂静，没有鸟儿在此驻扎。在得克萨斯州，
鸟巢里发现了死去的燕八哥、美洲雀和草地鹨，很多
鸟巢都被废弃。得克萨斯州、路易斯安那州、亚拉巴
马州、佐治亚州和佛罗里达州发现的死鸟送到鱼类及
野生动物管理局进行分析之后，发现有百分之九十的
鸟类体内都残留有狄氏剂或七氯，浓度高达百万分之
三十八。

　　在路易斯安那州越冬，在北方地区繁殖的丘鹬，
如今在它们的体内已经发现有用来对付火蚁的农药的
残留。原因显而易见，丘鹬一般用长长的喙觅食，它
们主要食用蚯蚓。喷药6到10个月后，在路易斯安那
州幸存下来的蚯蚓体内发现有浓度高达百万分之二十
的七氯。一年后，其浓度残留仍有百万分之十。我们
可以在喷药4个月后，丘鹬幼鸟和成鸟的比例中首次
看到火蚁防治给丘鹬带来的后果。

　　最令南方狩猎者感到忧心的是北美鹌鹑的状况。
在喷洒过药剂的地方，在地面上筑巢觅食的鸟儿几近
灭绝。例如，亚拉巴马州的野生动物联合研究中心的
生物学家对预定喷药的3600英亩土地上的鹌鹑数量做
了初步统计。经统计，在该地区生活着13个鸟群，共
121只鹌鹑。在喷药两周之后，在这一地区只发现了
死鹌鹑。所有被送到鱼类及野生动物管理局的鹌鹑样
本的体内都检测出了含有致死剂量的杀虫剂。这一悲
剧在得克萨斯州再次上演，在一片2500英亩的土地被

破坏力强，破
坏范围广。所有生
物无一幸免。

喷药处理后，全部的鹌鹑都被毒死了。随之而来的是百分之九十的鸣禽也难逃厄运。在死去的鸟儿体内检测出了七氯的残留。

除了鹌鹑之外，野火鸡的数量也因灭蚁计划而锐减。亚拉巴马州威尔考克斯郡在喷洒七氯之前，还有80只野火鸡，但是喷药过后的同年夏天，连一只也难寻踪迹———一只也没有，也就是说，除了一窝未孵化的蛋和一只死了的雏鸡之外，什么都没有。野火鸡与家养火鸡遭遇了同样的命运，在喷药地区的农场里，火鸡下蛋很少。只有极少的蛋可以孵化，几乎没有小火鸡能存活下来。这种情况没有出现在附近未喷药的地区。

绝对不只有火鸡遭遇了这样的命运。在美国国内最知名、最受尊敬的野生动物学家克莱伦斯·科塔姆博士拜访了一些受到喷药行动影响的农户。农户们反映喷药之后，树上的小鸟似乎都已消失，大部分的农户还报告说自家的牲畜、家禽和宠物也死了。科塔姆博士报告，有一个人"对喷药人员感到十分愤怒。据他反映，他把自家19头中毒而死的奶牛埋了，或者用其他方式处理掉了。他还知道，另外四五头牛也是因为喷药处理而死的。那些自出生后只能吃奶的小牛犊也死了"。

科塔姆拜访过的人们，都为喷药之后几个月之内发生的事情感到迷惑不解。一位妇女告诉他，她在喷药之后养过几只母鸡，"但是莫名其妙的是，没有小鸡被孵出来或者是能存活下来"。还有一位农夫"是养猪的，在喷药之后的9个月里，他没有小猪可养。小猪要么一出生就是死胎，要么出生后很快就会死去"。另外一名养殖户也报告说，37胎小猪本应有250头那

言有尽，而意无穷。吃奶的牛犊死了，那么喝牛奶的人呢？

么多，但是只有31头存活了下来。除此之外，自从土地被喷药之后，他再也不能养鸡了。

农业部一直在否认牲畜损失与灭蚁计划有关。佐治亚州班布里奇的一名兽医奥迪斯·L.波伊特文博士曾被召集去治疗中毒的动物，他将导致动物死亡的原因归结于杀虫剂：在喷药两周或是几个月内，牛、羊、马、鸡、鸟以及其他野生动物都患上了一种致命的神经系统疾病。然而，这种病只出现在接触了有毒的食物或水源的动物身上，并没有影响到圈养动物。波伊特文博士以及其他兽医观察到的现象，与权威资料中对狄氏剂或七氯中毒的症状描述相符。

波伊特文博士还描述过一个有意思的案例，一头两个月大的牛犊出现了七氯中毒的症状。在实验室里对牛犊进行了彻底的检查后，发现它的脂肪内存在有浓度为百万分之七十九的七氯。但是，距上次喷药结束后经5个月了。牛犊是因为直接进食草而中毒，还是因为间接喝奶或是在胚胎时期就中毒了呢？波伊特文博士接着问："若是七氯来自牛奶中，为什么不对我们喝着本地牛奶的孩子们采取特别的保护措施呢？"

波伊特文博士的报告提出了牛奶污染这一重要议题。灭蚁计划的主要地区是田野和庄稼地。那么在这些地方吃草的奶牛的情况又如何呢？被喷药的地区的青草必定会有某种形式的七氯残留，牛若是吃了这些青草，那么毒素就会出现在牛奶中。1955年，早在防治计划实行之前，就有实验证明了七氯可以直接进入牛奶，之后狄氏剂的实验结果也是如此，这两种化学药物都被用在了灭蚁计划中。

农业部的年刊现今已经把七氯和狄氏剂列入一个

波伊特文博士的问题振聋发聩，让我们陷入了无尽的思考。

化学名单，这个名单上的化学药剂可使饲料变得不适合产奶和肉食动物食用。但是防控部门还是将这两种药剂喷洒在南部大片的农场上。谁能向消费者保证，牛奶之中不会出现狄氏剂或七氯的残留呢？农业部门毫无疑问会说，他们已经向农民建议，要他们把奶牛从喷药区赶出30到90天了。鉴于很多农场都很小，而防治规模却如此之大——大多数化学药剂的喷洒是通过飞机作业——很难相信这个建议能否得到遵守或者建议本身是否可行。即使从药物残留的持久性来看，建议的隔离时间也是不够的。

描绘出农业部官员轻松而不可一世的样子，似乎他只是一个与此事毫不相干的看客。

虽然食品和药物管理局对牛奶中出现农药残留颇感不满，但是面对此种情况，他们没有什么权限。在灭蚁计划内的大部分州，乳制品行业的规模都相当小，其生产的产品不能跨州销售。因此，保护牛奶供应免受喷药计划的干扰就成为州政府自身的责任了。1959年对亚拉巴马州、路易斯安那州以及得克萨斯州的卫生官员或有关人员所做的调查表明，他们并没有进行过什么实验检测，因而牛奶是否被杀虫剂污染也就不得而知了。

与此同时，与其说是在灭蚁计划开展之后，人们针对七氯的特性进行了一些研究，不如说有人查阅了已经公之于世的研究，这种说法更为准确。因为促使联邦政府采取补救措施这一基本事实早在几年前就被发现了，原本能够对最初的防控计划造成影响。事实就是七氯在动植物组织或土壤中滞留一段时间后，会转化成另外一种具有更强毒性的物质——环氧七氯。环氧化物一般是通过风化作用产生的"氧化物"。人们自1952年起就知晓这种转化发生的可能，当时食品和药物管理局发现，若是给雌鼠投喂浓度为百万分之三十的七氯，两周之后，其体内就会生成浓度为百万分之一百六十五的环氧七氯。

　　1959年，这些真相终于从晦涩的生物文献中走向公众的视野。当时，食品和药物管理局果断采取行动，禁止任何食品含有七氯或其氧化物残留。这样一项法令的出台，最起码暂时阻止了喷药计划。虽然农业部要求继续为灭蚁计划拨款，但是地方农业机构在建议农民使用化学品方面越发犹疑，因为这些化学品可能使他们的农作物无法出售。

　　简而言之，农业部在没有对所使用的农药做基本的调查之前，就大力推广喷药计划，或者即使进行了调查，也对调查得出的结果不屑一顾。他们没有预先做调查，确定最小的剂量。在大剂量施用药物3年之后，突然在1959年把七氯的剂量从每英亩2磅降至1.25磅；这之后又降至每英亩0.5磅；在3到6个月间隔的两次喷药中，施用量又降至每英亩0.25磅。农业部的一名官员对此解释道，"一项积极的可以改善整个计划的方法"显示使用更小剂量是奏效的。如果在喷药进行之前，这样的信息就能为人知晓，那么就有可能避免大量不必要的损失，也可以节省纳税人的大笔资金。

　　从1959年开始，可能是为了平息日益增长的不满，农业部为得克萨斯农场主免费提供药剂，但是要农场主们签署一份免责声明，若是造成了什么损失，他们不会追究联邦、州和当地政府的责任。同一年，亚拉巴马州政府为化学品带来的损失深感震惊和愤怒，决定不再为这项计划追加拨款。一名当地官员将整个计划描述为"糟糕、仓促、拙劣的行动，而且这是恣意践踏其他公共和个人权利的例子"。虽然缺乏

可以窥见其无作为，对民众半遮半掩地哄骗，对未来环境的不负责任。

州政府的财政支持，但是联邦资金仍源源不断地流入亚拉巴马州——1961年，立法机构又被说服，拨了一小笔资金。与此同时，路易斯安那州的农民抵触情绪越发明显，因为危害甘蔗的昆虫因灭蚁计划所使用的药剂而大量繁殖。而更为重要的是，喷药计划完全没有奏效。1962年春天，路易斯安那州立大学农业实验室中心昆虫研究室L.D.纽森博士对这种惨淡场景做了简要概括："州和联邦机构联合展开的'根除'火蚁计划是一次彻头彻尾的失败。现在，路易斯安那州的虫害面积反而比喷药计划开展之前扩大了。"

一种更为理智、更加稳妥的趋势似乎已经开始。佛罗里达州政府报告说："佛罗里达州现在的火蚁数量比灭蚁计划开展之前还要多。"因而，他们宣布弃用大规模灭蚁计划，转而采取小范围控制措施。

廉价有效的局部控制方法多年来早已为人们所熟知。火蚁有堆土筑巢的习惯，使得对单个巢穴的处理成为一件相当简单的事情。采用这种方式对土地进行处理，每英亩土地仅需1美元。密西西比农业实验站研制出一种耕耘机，它可以先推平巢穴，之后直接向巢穴喷洒杀虫剂，对于蚁堆较多、需要机械作业的地区，这种机器为其提供了便利。这种方法的控制率可达百分之九十到百分之九十五，每英亩的成本仅为0.23美元。相较之下，农业部大规模的防治计划每英亩的成本是3.5美元——费用最昂贵，造成的损失最大，收到的效果最差。

绕了一大圈又回到最初的起点，可是"最初的起点"真的回得去吗？

第十一章　超乎博尔吉亚家族的想象

　　这个世界所遭受的污染不仅仅局限于大规模的喷药问题。实际上，对我们大多数人而言，日复一日、年复一年所受的那种与无数小剂量药剂的直接接触更为让人忧心。这就像滴水石穿一般，从生到死，人与化学药剂所进行的持续性的接触将会招致灾难性的后果。不管一次接触的剂量多么轻微，反复与化学药剂进行接触还是会使毒素在我们体内不断累积，这会导致慢性中毒。没有人能在不断扩散的化学污染中幸免，除非其生活在完全与世隔绝的地方。因为商家的引导和花言巧语，普通市民对身边的致命物质很少能觉察到，他们实际上可能没有意识到自己正在使用着这些东西。毒物的时代已经完全来临了，以致当任何一个人走进一家商店，在里面随手买到的东西所具有的毒性要强于在药店所买的药品，只不过在药店买药物的时候还需要在"毒物登记簿"上面签字。当在任何一家超市做几分钟的调查之后，即使是最大胆的顾客也会被吓到，只要他们对自己所选购的化学品有最基本的认识的话。

　　若是在杀虫剂选购区上面悬挂一个骷髅图案的话，那么顾客进入商店的时候就会更加谨慎。但实际上，我们在商店里所看到的画面是颇让人感到舒适愉悦的：一排排的杀虫剂像普通商品一样被摆放于货架之上，货架之间的过道的另外一边的货架上摆放着腌菜和橄榄，洗澡和洗衣服用的肥皂就紧挨在旁边。盛放在玻璃容器中的化学药剂被放在儿童很容易就能接触到的地方。要是这些容器被大人或孩子不小心撞倒了，里面的药剂可能会喷溅到附近的人身上，导致他们中毒，就如那些进行喷药作业的人一样因中毒而抽搐。这种危险会被顾客带到家中。例如在一小罐装有防蛀材料的容器上，印有字体极小的警告，说明本产品是经由高压填装的，若是受热或是遇到明火可能会引起爆炸。氯丹是一种多用途（包括在厨房中使用）的普通家用杀虫剂。但是食品和药物管理局的首席药物学家宣告，居住在喷洒了氯丹的屋子里是"非常危险的"。而其他一些家用化学药品中含有毒性更强的狄氏剂。

在厨房中对这些化学药剂的使用引人注目，也很便利：厨房隔板纸除了有白色的之外，还有其他的颜色可供挑选；这种隔板纸可能已经被杀虫剂浸染过了，且正反两面都会被浸染；生产厂家会提供给我们如何灭虫的自助手册；人们可以轻易就把狄氏剂喷到够不着的柜橱、房间和脚板的角落和缝隙中去。

若是蚊子、沙螨或其他害虫使我们困扰的话，那么可以选择将各种乳液、护肤霜和喷剂用在衣物和身上。尽管我们已经知道或者被警告过这些物质能够溶于清漆、油漆和混合纤维中，但是我们仍旧想当然地以为人类自身的皮肤坚不可摧，是不会被这些化学药物所渗透的。为了让我们能够随时随地杀灭虫子，纽约一家专营店推出了一种袖珍喷雾器，它可以放在钱包、沙滩盒、高尔夫球具和渔具里。

我们能在地板上打上一种蜡，它可以保证杀灭所有经过上面的昆虫。我们还能将浸染过林丹的布条放置在柜橱和衣服口袋里，或者把布条放进抽屉里，这样半年之内，都不会有蛀虫。而在广告里，没有人告

这是美国《时代》杂志上刊载的 DDT 广告，由此可见，化学药剂在当时的流行。

知我们林丹是一种危险的化学品。一种能够喷射林丹的电子设备也没有表明自身的毒性，仅仅指明这种设备是安全且没有异味的。实际上，美国医学会认为林丹喷雾器是一种非常危险的设备，并在他们的刊物上对此发表了抗议。

农业部在《家庭与园艺期刊》上建议人们使用DDT、狄氏剂、氯丹或其他杀虫剂处理衣物。据农业部声称，若是在衣物上喷洒了过多的药剂，导致杀虫剂的白色沉淀物留在衣服上，可以用刷子刷掉，但是农业部没告知我们应当在哪里刷，用什么样的方式去刷。一切事情完毕之后，我们伴随着杀虫剂结束了一天的生活，因为盖在我们身上的毛毯也用狄氏剂浸渍过。

当今的园艺和高级毒药有着紧密的关联。每一个五金店、园艺用品店和超市里都售卖成排的杀虫剂，以供园艺之需。那些没能充分利用这些药剂的人，好像都有些落伍了，因为所有报纸的园艺版面和大部分的园艺杂志，都将这些药物的使用视作理所当然。

具有快速致死效用的有机磷杀虫剂也被人们广泛用于草坪和观赏植物。1960年，佛罗里达州健康委员会认为有必要推行这样的禁令，任何人若是没有获得许可，是不能在住宅区使用杀虫剂的。在发布这样的禁令之前，佛罗里达州已经有因硫磷中毒致死的案例。

然而，那些正在使用极具危险性的化学品的园艺工人和房主，没有收到过这样的提醒。与之相反，一些新的设备接连问世，这样一来，在草坪和花园中喷药变得更为便捷，这同样也增加了人与化学物品的接触概率。例如，人们可以在花园的塑料软管外加上一个灌装设备，具有危险性的化学品诸如氯丹或狄氏剂等就能像洒水一样被喷洒到草坪上。这样的装置不仅会对使用管子的人造成危害，还会殃及其他的人。《纽约时报》认为，有必要在其园艺版面上刊登一个警告，提醒人们要使用相应的保护装置，如果不这么做的话，毒素会因为虹吸的反作用进入供水系统。鉴于我们如此广泛地应用喷药设备，而对此的警告又是少之又少，我们还有必要对公共水源的污染感到迷惑不解吗？

为了了解到底在园艺工人身上发生了什么样的事情，我们来看一位医生的案例，他是一个充满热情的业余园艺爱好者。他最初在自家的灌木和草坪上使用DDT，之后还使用了马拉硫磷，且周周都要喷洒药物。他有时候会手拿着喷壶，有时候会在塑料软管上外加一个设备。他的皮肤和衣物因此总是湿的，沾满了药剂。就这样过了大概一年之后，他忽然抱病住院。医生对他的脂肪活体样本检测之后，发现了百万分之二十三的DDT残留。主治医生认为他的神经严重受损，这种伤害是永久性的。随着时间的流逝，他变得羸弱不堪，肌肉无力，显示出马拉硫磷中毒的典型症状。因为这些症状的持续作用，他已经无力再工作了。

除了曾被认为是无害的花园塑料软管之外，割草机也安装了喷药设备，当房主在割草的时候，这种喷药设备会喷洒出一阵阵烟雾。所以除了具有潜在危险的燃油尾气之外，空气中又增添了分布均匀的杀虫剂颗粒。郊区的居民没有丝毫的质疑就开始使用这种割草机，这大大增加了他们脚下土地的污染程度，其程度之高甚至超过了任何一座城市。

然而，没有人提及关于园艺或是居家使用的杀虫剂的危害，杀虫剂标签上的字小到分辨不清，很少有人去查看它们，或者是按照要求去做。最近有一家公司做了相关调查，想要调查清楚到底有多少人会看说明。据他们的调查结果，在使用杀虫剂喷雾或者喷剂的人中，每100个人里只有少于15人会看商品包装上面的警告标识。

现在居住在郊区的居民习惯于不惜任何代价去铲除马唐草。那些消除这些令人生厌的植物的袋装化学药品已然成为地位的象征。单是从除草剂的品牌名上根本无法看出其种类特性，要是想知道里面到底是含有氯丹还是狄氏剂，你必须要在极不显眼的地方搜寻那些小号字体。五金店或园艺用品店里的产品说明书很少涉及这些化学品处理和使用过程中的危害。与之相反，这一类商品的产品说明上表现出的却是一个欢欣的场景：父亲和儿子微笑着准备在草坪上喷洒药物，而孩子和狗在草坪上快乐地翻滚着。

食品中的化学残留是一个热点讨论话题。生产厂家要么将药物残留问题贬低为不值一提的问题，要么就断然否认存在药物残留。与此同时，还存在有一种强烈的倾向，给那些坚持要求在食物中不得使用杀虫剂的人们，扣上"激进分子"或者"邪教信徒"的帽子。在这纷杂的争论中，真实情况究竟如何？

医学已经证实，那些在DDT到来之前（1942年）出生或者死亡的人的体内，是不存在DDT及类似药剂的。就如我们在第三章所提到的，在1954到1956年提取的人类脂肪样品中，DDT的浓度为百万分之五点三到百万分之七点四。已有证据表明，DDT残留的平均水平已经稳步上升到了新的高度，而在那些因职业或者其他特殊因素与杀虫剂接触较多的人群内，残留着更高浓度的DDT。

那些没有与杀虫剂进行直接接触的人的体内脂肪中的DDT很可能来自食物。为了证实这一假设，美国公共卫生署的一个科学工作组采集了饭店和食堂的食物样本，结果发现每种食品都含有DDT。调查者因此有充分的理由相信，"几乎没有完全不含DDT的食物"。

DDT在这些饭菜中的含量可能会很高。在公共卫生署的一项独立研究中，对监狱的饭菜进行了分析，分析显示像炖干果这类饭菜中的DDT浓度为百万分之六十九点六，而面包中所含有的DDT的浓度竟然高达百万分之一百点九！而在普通家庭的饮食中，肉类和动物脂肪制品中氯化烃的含量最高。这是因为化学毒素可溶解于脂肪。而相比之下，水果和蔬菜的药物残留较少。若是有残留的话，是无法通过水洗掉的，只能将生菜、卷心菜这类蔬菜的外层叶子剥去扔掉；要是水果的话，就要将外皮削掉，连果皮和外壳一并丢掉。想要通过烹饪来破坏或是分解药物残留的话，根本就是徒劳无功。

食品和药物管理局规定，牛奶等少数几种食品中是禁止含有杀虫剂残留的，但是事实上，不论什么时候对其进行检验，都一定会发现药物残留。黄油和其他的奶制品中的药物残留的数值是最高的。1960年，检测人员对461种此类产品进行检测之后发现，有三分之一的产品中都含有药物残留。基于此，食品和药物管理局表示情况"很不乐观"。

要是想要找到不含DDT及其相关化学品的食物的话，那么就只能去偏远、原始、尚无先进设施的地方。这样的地方虽然很罕见，但还是有的，就比如阿拉斯加的北极沿海地带，即便是在这样的地方，也能发现污染正在逼近。科学家们调查发现，此地爱斯基摩人的本土食物中不含杀虫剂。鲜鱼，干鱼，取自海狸、白鲸、驯鹿、麋鹿、北极熊、海象的脂肪、油脂、肉，蔓越橘，美洲大树莓，野大黄等，所有这一切都没有被污染。仅有一个例外，来自波因特霍普的两只白猫头鹰体内含有少量的DDT，可能是它们在迁徙的过程中摄入的。

当抽取了一些爱斯基摩人的身体脂肪的样本进行检测之后发现，这些样本中有少量的DDT残留（零到百万分之一点九之间）。其中的原因不言自明，这些脂肪样本取自那些离开居住地前往安克雷奇市美国公共卫生署医院做手术的人们。现代文明在那里大行其道。医院食物中含有的DDT与人口密集的城市不相上下。这些毒素是他们在文明世界短暂停留期间的"奖赏"而已。

事实是我们所吃的每一顿饭都含有一定量的氯化烃，这是给农作物普遍喷药和撒药粉所导致的必然结果。若是农民在使用药物的时候严格按照标准的话，那么农药的残留一般情况下是不会超出规定范围的。暂时把这种残留标准是否"安全"放在一边，众所周知的事情是农民的用药量经常会远超规定，他们还会在临近收获的时候喷药。在喷洒一种药物就奏效的情况下，他们会使用多种药物，并且看都不看用药说明。

就连那些化工企业都发现了误用杀虫剂的情况，企业认为应当对农民进行相关培训。行业内的一本重要刊物就宣称："很多使用者们都不清楚，如果使用农药的时候超过推荐剂量的话，那么农药就会突破环境所能承受的极限。农民按照一时兴致来做事的结果就是将杀虫剂随意喷洒在农作物上。"

在食品和药物管理局的档案里，能找到很多类似的案例。其中一些案例能够颇为形象地描述出农民对药品使用说明的忽略：当生菜到了收获期，一位农民在蔬菜地里施用了8种不同的杀虫剂；一位运货商在一批芹菜上施用了超过建议最大剂量5倍的对硫磷；尽管明令禁止有药物残留，但是种植者们仍旧将异狄氏剂（毒性最强的氯化烃）用在了生菜上；在收获前一周的时候，菠菜又被喷洒上了DDT。

当然也有一些污染是源自偶然和意外。比如，一艘轮船上成麻袋的生咖啡被污染了，造成污染的原因是这艘船上还运载着一批杀虫剂。仓库里密封起来的食物可能被DDT、林丹以及其他杀虫剂所污染，因为杀虫剂悬浮颗粒会穿透包装材料，大量侵入包装食品之中。食物的贮存时间愈久，那么被污染的可能性就愈大。

"难道政府不会保护我们免受其害吗？"对于这个问题，答案是："能力有限。"食品和药物管理局在保护民众免受杀虫剂的危害方面受到两个因素的限制：其一是该局只对州际交易的食品拥有管辖权，而在州内生产和销售的食品不在它的管辖范围之内，因此该局对于这类违法之事无能为力。其二是关键之处在于该局的监察人员太少，人数不足600人。据食品和药物管理局的一名官员说，在现有设备下，只有很小一部分（不到百分之一）的州际农产品贸易能够得到检查，这样的结果在统计学上毫无意义。而州内食品的生产和销售状况更是糟糕，因为大部分的州在这方面的法律法规都不健全。

食品和药物管理局制定的最大"允许"限度污染管理体系具有明显的缺陷。在目前的情形下，这样的体系只是一纸空文，而且会形成一种假象，安全限度已经被确立，而且得到了有效的执行。至于允许食品中含有少量的药物残留（这里一点，那里一点）引起了很多人的反对，因为他们有充足的理由相信，没有毒素是安全的，人类绝对不需要毒素。为了设置一个最大限度，食品和药物管理局会审阅动物的药物试验，从中确立一个污染的最大值，这一数值比动物实验中的发病剂量要低得多。这样一个系统貌似能保证人类的安全，但是实际上忽略了很多重要因素。动物实验是处在人为控制之下的，所摄入的是一定量的化学品，但是人类和化学品的接触是反复的，而且大部分的接触是未知、无法测量、不可控的。即便宴会上的沙拉中生菜含有的百万分之七的DDT处于安全范围内，但是这餐饭中还包括其他食物，每一种食物中都有药物残留。并且众所周知，食物中的杀虫剂只是人类能接触到的化学品种的一小部分，若是算上从不同的渠道中摄取的化学物质，这些剂量叠加在一起，这个总量是无法计算的。所以，将某种药物残留的"安全性"作为单一的议题来讨论本身没有任何意义。

另外还有一些问题。最大允许污染值是在违背食品和药物管理局科学家的正确判断的情况下制定的，后文会提到相关案例，或是在缺乏对某种化学品认识的情况下确定的。之后若是得到了更准确的信息，会降低限值或者将其撤销，但是到了那个时候，公众已经被迫与危险剂量的化学品进行了几个月或是几年的接触。之前就有过先给七氯制定了容许值后又将之取消的先例。有些化学品在没有进行野外实验前，就开始登记使用了，所以针对这样的情况，检查人员很难发现它们的残留。这一问题严重阻碍了对"蔓越橘药剂"——氨基三唑的检测。人们对用来处理种子的杀菌剂也缺少分析方法，这些种子若是在播种期间没用完的话，那么很有可能会成为餐桌上的食物。

然而事实上，确立限值就意味着允许公共食品使用有毒化学品来降低农民和加工企业的生产成本；对消费者而言，他们只好通过纳税来支持监察机构保证自己不会摄入致死的剂量。但是鉴于目前农药的施用量和毒性，监察工作要做好的话需要大笔的资金，任何的立法者都没有拨付如此巨额款项的胆量。其结果是，倒霉的消费者虽然缴纳了税费，但是所摄入的毒素却丝毫不减。

如何解决呢？首先要废除氯化烃、有机磷以及其他强毒化学品的最大限值。但是有人对此会立马出来反对，他们说这样会增加农民负担。如果能将各种水果和蔬菜上的DDT残留成功地控制在百万分之七，把对硫磷残留控制在百万分之一，或者把狄氏剂残留控制在百万分之零点一，为什么不能再接再厉将其完全消除呢？事实上，在某些农作物上，就禁止出现一些化学品的残留，如七氯、异狄氏剂、狄氏剂等。若是上述化学品能够实现这一点的话，为什么不对所有的农作物都做这样要求呢？

但是这还不是彻底或最终的解决方案，因为停留在纸面上的零容忍毫无意义。目前，正如我们所知，超过百分之九十九的州际食品运输可以避开检查。所以，我们迫切需要食品和药物管理局提高警惕，积极进取，并扩充检查队伍。

这种故意在我们的食物中下毒，之后再进行监管的社会体系，不禁让人想起刘易斯·卡罗尔的"白衣骑士①"，他"盘算着把自己的胡须染绿，接着用大扇子把胡须遮住，这样人们就看不到了"。我们得到的最终答案就是尽量少用有毒化学品，这样就会降低误用化学品所造成的公众危害。目前这些安全的物质已经出现了，例如除虫菊素、鱼藤酮、鱼尼丁以及其他取自植物的化学物质。最近，已经研制出了除虫菊素的人工合成替代品。只要市场有需求，一些国家已经做好了提高这种天然产品产量的准备了。商家在销售化学剂时向公众讲授化学品的特性是当前的迫切需求。因为一般消费者会被各种杀虫剂、杀菌剂和除草剂弄得晕头转向，不知道哪种是致命的，哪种是相对安全的。

除了使用危险性比较小的农药之外，我们还应当竭尽全力去探索非化学方法的可能性。目前，加利福尼亚州正在尝试一种新方法，即利用针对某种昆虫的特定细菌使昆虫患病，用在农业虫害的防治方面。这种方法的广泛的实验正在进行中。除了这种方法之外，还有很多行之有效的防治方法不会在食物中残留毒素（见第十七章）。在这些方法得到广泛的关注之前，我们仍旧会在目前的情况下倍感压力。按照目前的情形来看，我们所面对的危机不比博尔吉亚家族的客人少到哪儿去。

美国报纸上的杀虫喷雾广告。

① 白衣骑士：《爱丽丝漫游奇境》中的一个角色。——作者原注

阅读规划进度及自我测评

01 计划阅读时间

02 实际阅读时间

03 完成度（％）

04 阅读兴趣

感兴趣□　　一般□　　没兴趣□
原因：
问题：

05 回忆一下阅读的章节，写下每章的主要内容

第七章：
第八章：
第九章：
第十章：
第十一章：

06 结合之前学习过的篇目，对比阅读

在上周的阅读中，我们将《所罗门王的指环》与本部作品的语言进行了比较，还记得"动物笑谈"中戴上后能听到各种声音的指环吗？如果此刻你站在"死亡之河"的岸边，带上这么一枚指环，看着那眼睛蒙上不透明白膜的鳟鱼，看着那奇怪游动的印鱼……你会听到哪些声音？用诗化的语言，如"动物笑谈"那样，书写你站在"死亡之河"岸边的所见所闻。

07 回忆一下章节内容，看能否回答出以下问题

① 在第七章"无妄之灾"一章中，举了哪些例子来说明这是一场灾难？

② 第八章里，杀虫剂给鸟类带来了哪些灾难性的后果？

③ 第九章里，人类并没有直接向河流喷洒杀虫剂，那么这些河流是怎样受到污染的呢？

④ 第十章提到"清除火蚁"行动的结果如何？面对这些类似的案件，作者给我们提供了哪些可行的办法？

⑤ 第十一章告诉我们，有什么办法能避免化学残留问题？

08 摘抄，积累

把你认为好的语句或段落摘抄下来，积累更多的语言素材吧！可以分类整理，如人物描写类、警句名言类、环境描写类等，或根据你的标准设置更多类别，并简单写出你喜欢的理由。

时间在我们指尖悄然逝去，本周我们即将进入阅读的尾声。面对化学药剂，人类的出路究竟在何方？你是否也有自己的想法和建议呢？赶快来开始本周的阅读吧！

第十二章　人类的代价

化学品自工业时代诞生以来，就如狂潮一般席卷了我们的环境，而严重的公共健康问题的本质也随之发生了巨大的变化。就在昨天，人类还在天花、霍乱和鼠疫的肆虐中万分惊恐；而现在我们主要关心的问题不再是四处横行的细菌和病毒了，优良的卫生环境、更好的生活条件以及新型药物可以让我们更好地将其掌控在手中。我们今日要忧心的是潜藏在我们环境之中的另外一种危害——它是伴随着生活方式现代化的发展，而被我们自己引入这个世界的。

新的环境中的健康问题是多种多样的：有的是由辐射导致的，有的是由包括杀虫剂在内的化学品开发热潮引发的。这些化学品已经在我们生活的世界里肆虐了，它们或直接或间接，或单个或联合来毒害我们。化学品的出现给我们投下了阴影，这阴影令人胆寒，因为它们是无形而隐蔽的，而我们一生都将置于这些化学物质及其物理媒介的笼罩之下，这些有毒物质本就不属于我们的生理过程，它们带来的结果是难以预测的。

美国公共卫生署的大卫·普莱斯博士说："恐惧一直萦绕着我们的

生活，我们担忧某些事情会毁灭我们的环境，使我们跟恐龙一样难逃厄运。让人更为惊恐的是，可能在症状出现20多年以前，我们的命运就已经被判定了。"

杀虫剂是如何融入环境性疾病的图景之中的？我们已经能看到化学品将土壤、水、食物污染了，它具有杀死河中鱼儿、花园和森林中鸟儿的力量。尽管人们喜欢做出一副与自然无关的样子，但是人类的确是自然的一部分。在污染遍布地球的当今时代，人类能置身事外吗？

我们知道，若是剂量足够大的话，即使我们与其只接触过一次，也会导致急性中毒，不过这还不是主要问题所在。农民、喷药人员、飞行员以及其他大量接触杀虫剂的人突然生病或死亡，本是不该发生的悲剧。从整个人类的角度来说，杀虫剂正在悄然污染着环境，这些杀虫剂被人类少量的吸收之后所产生的延迟效应，才应该是我们关注的重点。

具有责任心的公共卫生官员指出，化学品的生物效应是可以长期累积的，其对个人的伤害取决于他一生的接触总量。正因为如此，它所带来的危害很容易被人忽视。人们会对尚不明确的未来灾难本能地耸耸肩膀，对此表示毫不关心。一位明智的医师雷内·杜博思博士说："人类出于本能，只对那些表现出明显症状的疾病予以重视，但是一些最危险的敌人却正在乘虚而入。"

对我们每一个人来讲，就像密歇根州的知更鸟或米拉米奇河中的鲑鱼一样，这是一个相互关联、彼此依赖的生态问题。我们将河流附近的石蛾消灭了之后，河中的鲑鱼也一并被毒死了。我们将湖中的蚋蚊杀灭了，但是其体内的毒素会通过食物链传递下去，最终湖边的鸟儿会遭到毒手。我们在榆树上喷洒药物，第二年的春天就听不到知更鸟的歌声了。这不是因为我们直接向知更鸟喷洒了药物，而是毒素通过树叶—蚯蚓—知更鸟的循环步步传递。这些事情都是有据可查的，它们是我们周围可见世界的一部分。它们反映出了生命之网——或者说是死亡之网，科学家将其称为生态学。

我们的身体内部也有这么一个生态学的世界。在这个看不见的世界中，极其微小的诱因也会引发严重的后果；而且，所引发的后果常常看似和诱因无关，因为其会出现在远离原初受伤区域的某个身体部位。近期一份医学研究现状总结提到："某个部位的变化，甚至于一个分子的变化，都可能会影响到整个系统，并在那些不相关的器官或者组织中引发病变。"

倘若我们对人体的神奇功能加以关注的话，那么就会发现原因和结果之间的联系极少能被简单轻易地表示出来。它们在时间和空间上都相去甚远。想要找到引发疾病和死亡的原因的话，需要将很多看似孤立、没有联系的事实拼凑起来才会有所发现，而这些事实需要建立在许多领域的大量研究工作之上。

我们习惯于寻找那些明显的、直接的影响，而将其他方面抛诸一边。除非是那种突然出现，无法被人忽略的影响，否则我们不会承认危险的存在。若是没有症状的话，那我们就无法检测出损伤，这也是医学界尚未解决的一大问题。

"但是，"有人对此会提出反驳，"我也曾多次将狄氏剂喷洒在草坪上，但是我没有出现像世界卫生组织喷药人员那样的抽搐症状——所以，它并没伤害到我。"事情的真相远非如此，尽管没有爆发出剧烈的症状，但是只要是跟狄氏剂接触过的人，毒素还是会在他们的体内累积。正如我们所知，氯化烃残留都是从最小的摄入量开始慢慢积累的。这些毒素在人体的脂肪内累积，脂肪但凡被消耗掉，贮藏在其中的毒素就可能会迅速发起攻击。新西兰的一家医学杂志最近提供了一个案例。一位正在接受减肥治疗的人突然之间出现了中毒的症状。经过检查发现，他身体内的脂肪含有狄氏剂，这些毒素在他进行减肥的过程中被代谢了。那些因为疾病的原因而迅速消瘦的人也会面临同样的风险。

从另一方面来看，毒素累积的后果可能会更加隐蔽。美国医学会的期刊于几年前对脂肪组织中杀虫剂累积的危害发出了警告，并指出，累积性的药物和化学品比起那些可以代谢的物质，更需要我们谨慎对待。我们被警告说，脂肪组织不单单具有储存脂肪（约占体重的百分之十八）的功能，还有许多其他重要的功能，而累积的毒素会干扰这些功能。除此之外，脂肪广泛分布于人体的各个组织器官中，甚至是细胞膜的组成部分。因此，认识到这一点很重要，脂溶性的杀虫剂在细胞中累积，其会干扰氧化过程和能量供应机制。这个问题会在下一章做详细的论述。

关于氯化烃杀虫剂最值得注意的一点就是它们对肝脏的影响。肝脏是人体所有器官中最为特别的。肝脏功能的多样性和必要性无法取代。肝脏控制着很多重要的机体功能，因此肝脏即便遭受了微小的伤害，也会引发严重的后果。肝脏不仅提供胆汁用来消化脂肪，而且因为它的位置和聚集于其上的特殊循环管道，它能够直接获得来自消化道的血液，并深度参与所有食物的消化吸收。它以糖原的形式储存糖分，并且精确地控制葡萄糖的释放量，保证人体的血糖水平维持正常。它还可以合成蛋白质，包括一些凝血血浆的重要成分。它使胆固醇维持在适当水平，当雄性激素和雌性激素超过正常水平时，肝脏还会起到钝化作用。它是很多维生素的储存场所，其中的一些维生素有助于肝脏自身功能的维持。

若是失去了功能正常的肝脏，人体就会缴械投降——因为无法与那些侵入身体的毒素进行对抗，这些毒素中有一些是新陈代谢的副产品，肝脏通过去氮作用能对它们进行快速高效的处理，使其转化成无毒的。但是外来物质的毒素也能通过肝脏解毒。"无害的"杀虫剂马拉硫磷和甲氧氯的毒性相对较小，原因就在于肝脏中一种酶将它们的分子转化了，它们的毒性因此被削弱了。用同样的方式，肝脏将我们接触的大部分有毒物质给处理掉了。

但是现今，抵抗各种毒素的防线已经被削弱了，并不断被瓦解。被杀虫剂损伤的肝脏不仅不能保护我们不被毒素侵害，而且它自身的大部分功能还会发生紊乱。这样一来，所带来的后果不仅影响深远，而且由于其变化多端且不会立即显示出来，人们很难找到真正的原因。

联系到当今损伤肝脏的杀虫剂使用如此广泛，因此自20世纪50年代以来肝炎患者的数量急剧增加的现象应当被列入我们的注意范围。据说肝硬化患者也在不断增加。虽然在证明A是病症B的原因方面，在人类身上验证要比在实验动物身上验证更为困难，但是通常认为，人类肝脏疾病的发病率增加与能够造成肝损伤的杀虫剂的盛行不无关系。姑且不论氯化烃类产品是否是主要原因，将我们暴露在损伤肝脏并可能削弱

其抵抗力的药物之下，显然不是明智之举。

两种主要的杀虫剂——氯化烃和有机磷虽然作用不尽相同，但是都可以直接影响神经系统。这一点已经被大量的动物实验和人体观察所验证了。DDT作为首批广泛使用的新型有机杀虫剂，它主要影响的是人类的神经系统：受到主要影响的是小脑和高级运动皮质层。据一本毒理学标准教材记载，若出现刺痛、灼烧、瘙痒、颤抖甚至抽搐等异常症状，那么可能是接触了过量的DDT。

我们首次认识到DDT的急性中毒症状是由几名英国研究人员提供的。他们为了研究DDT所引起的中毒后果，故意使自己暴露在DDT之中。英国皇家海军生理实验室两位科学家通过与墙面上的水溶性油漆进行直接接触，使皮肤吸收了DDT，这种水溶性油漆中含有百分之二的DDT，且上面覆盖了一层油膜。在他们对产生的症状所进行的详尽描述中，可见毒素对神经系统的直接影响："真切地感觉到疲劳、沉重、四肢疼痛，精神极度痛苦……烦躁不堪……对任何类型的工作都厌恶至极，脑子连最简单的事情也处理不了。关节时不时还会剧烈疼痛。"

另外一位英国的实验者将含有DDT的丙酮溶液涂在了自己的皮肤上。他报告说，自己感到四肢疼痛、肌肉无力，还出现了神经紧张性痉挛。当他休养了一天之后，状况稍好了些，但是恢复工作之后，症状又开始恶化。之后，他不得不在床上休息了3周，忍受着四肢疼痛、失眠、神经紧张、极度焦虑的折磨。他有的时候会颤抖，就像常见的鸟类DDT中毒症状一样。这位实验员连续10周都无法工作，直到年底他的实验被一家医学杂志报道时，还未完全康复。

尽管有了这样的证据，几名美国研究人员还是把参加DDT实验志愿者的头疼和"每根骨头都疼"的症状归结为"明显的精神神经症"。

现今，记录在案的多个案例症状和中毒过程都将致病源指向了杀虫剂。这些患者通常都直接接触了杀虫剂，经过治疗，包括杜绝与生活环境中的任何杀虫剂进行接触，症状会得到缓解。但是只要再次与这类化学品进行接触的话，那么病情就会复发。这类证据可以作为大量其他病症药物治疗的依据。这足以警示我们，冒着"可预期的风险"，将我们的环境浸透在杀虫剂中是多么不明智啊。

为什么处理和使用杀虫剂的人中，并不是每一个都表现出同样的症状呢？这取决于个人的敏感度。有证据显示，比起男人，女人要更敏感；比起成人，孩子要更敏感；比起在户外工作或者常常锻炼的人，在办公室久坐的人要更敏感。除了这些区别之外，还存在一些难以觉察和解释的区别。是什么使得某个人对粉尘或者花粉过敏，对某种药物过敏，或者容易受一种传染病的影响，而其他人却不会这样，这是一个医学上的谜题，现今还没有解释。然而此种现象确实是存在的，而且影响了大量的人群。一些医生估计，有三分之一或者更多的病人曾出现过过敏症状，而且数量还在增加。不幸的是，就算一个人之前不敏感，也有可能会突然变得敏感起来。事实上，一些医学人员认为，间歇性地接触化学品可能会导致过敏。如果真是这样的话，那么就可能解释为什么因工作的原因持续接触化学品的人极少会出现中毒症状。这是因为与化学品频繁接触，这些人已经有了抗过敏的能力，就像医生给过敏症病人反复注射小剂量的过敏原，使其产生抗敏性一样。

与在严格控制下的实验室中的动物不一样，人类所面对的不单单是某一种药物，因而杀虫剂中毒的问题就变得异常复杂了。这是因为在不同类别的杀虫剂之间，在杀虫剂和其他化学品之间都可能发生相互作用，从而造成严重的后果。这些不相关的化学品不管是侵入土壤、水，还是人类血液之中，都不会相互隔离；它们之间会发生神奇且看不见的变化，一种化学品的破坏力会被另一种化学品所改变。

甚至一些人们通常认为是相互独立的两种杀虫剂，也会发生此种作用。如果人体事先与氯化烃接触，损伤了肝脏，那么有机磷（破坏保护神经的胆碱酯酶的元凶）的毒性会增强。当肝脏功能受到干扰，胆碱酯酶会比正常水平要低，这就削弱了其对有机磷的抑制作用，从而引发急性中毒。而且正如我们所知，成对的有机磷相互作用，会使它们的毒性增强百倍。它还能和各种药物、人工合成物质、食品添加剂发生作用。而在当今世界，无数的人工合成物质大行其道，除此之外，谁能告诉我们还有什么别的吗？

　　一种可能无害的化学品会在另一种化学品的作用下性质大变。最好的一个例子就是DDT的近亲甲氧氯（实际上，甲氧氯并不如人们所想象的那样安全，因为近来的动物实验证明它会直接影响子宫，并阻碍脑垂体激素。这就提醒我们，这些化学品是有极大生物效应的。其他研究显示，甲氧氯可能会损害肾脏）。若是单独与甲氧氯进行接触，它是不会大量蓄积在体内的，所以人们才会以为这是一种安全的化学品，但这不完全是对的。肝脏若是受到过其他化学物质的损害，那么甲氧氯在体内的积蓄会增加百倍，它将与DDT一样，会对神经系统造成持久的影响。但是导致这种后果的肝脏损伤极其微小，人们很难觉察。许多常见的情况也会造成肝损伤：使用另一种杀虫剂，使用含有四氯化碳的清洁剂，或服用某种被称为镇静剂的药物等。大部分（不是所有）镇静剂属于氯化烃类化学品，有可能会导致肝脏损伤。

　　对神经系统的损伤并不局限于急性中毒，也可能会留下后遗症。报纸上早就有了关于甲氧氯等化学药剂对大脑和神经系统的长期损害的报道。除了急性中毒外，狄氏剂还会造成诸多后遗症，从"健忘、失眠、做噩梦到躁狂"。根据医学发现，林丹会在大脑和正常的肝脏组织中积蓄，从而导致"对中枢神经系统的长期影响"。然而这种化学品，作为BHC的一种形式，被广泛应用于各种喷雾器。这种设备会在家里、办公室和餐馆中喷出一连串杀虫剂气雾。

　　通常认为，有机磷杀虫剂只与急性中毒症状有关，但是它也会对神经组织造成持久性损伤，而且根据最近的研究发现，它还有可能导致精神疾病的发生。各种各样麻痹后遗症案例随着这种或者那种此类杀虫剂的使用而出现。大约在1930年，美国禁酒期间所发生的一件怪事预示着即将到来的麻烦。造成这一麻烦的原因并不是杀虫剂，而是一种属于有机磷杀虫剂的化学物质。那时会用某些药物取代烈酒，以避开禁酒法令。但是《美国药典》中的产品很是昂贵，于是私酒商人想到了用牙买加姜汁酒代替白酒的法子。他们做得如此巧妙，所生产的假冒产品通过了化学检测，还骗过了政府部门的药剂师。为了使假的姜汁酒增加必要的强烈味道，他们在其中添加了一种叫作三元甲苯基磷的化学品。与对硫磷及其同类化学品一样，这种药物会破坏胆碱酯酶。因为饮用了私酒商的这些假冒产品，1.5万人的腿部肌肉永久性严重萎缩而瘫痪，现在称这种病症为"姜瘫"。与瘫痪伴生的还有神经鞘的损伤和脊髓前角细胞的退化。

正如我们所见，大约20年后，各种各样的有机磷杀虫剂开始投入使用，而关于"姜瘫"的回忆，也开始涌现了。其中一位受害者是在德国温室工作的工人，在使用对硫磷后，他出现了几次较为轻微的中毒症状，几个月后便瘫痪了。之后有3个化工厂的工人因为接触到同类化学品而造成了急性中毒。他们在治疗之后都康复了，但是10天之后，其中的两个人出现了腿部肌肉无力的情况，这种症状在其中一个人身上持续了10个月之久。而另外一位年轻的女化学家的病症更严重，她的双腿、双手以及胳膊都出现了麻痹症状。当两年后一家医学杂志对她的情况做报道的时候，她依旧没办法走路。

能够导致这些症状的杀虫剂已经从市场上撤回了，但是现在仍在使用的一些化学品可能会造成类似的伤害。实验证明，马拉硫磷（深受园艺工人喜爱）可以引发鸡出现肌无力的症状（就像"姜瘫"一样），这种症状是由坐骨神经鞘和脊髓神经鞘被破坏引起的。

若是幸免于难，这些中毒症状可能是更糟糕的后果的前奏。考虑到它们对神经系统所造成的严重损伤，这些杀虫剂无可避免地与精神疾病联系在一起。最近，这种联系已经被墨尔本大学和普林斯亨利医院的研究员揭示了出来，他们共报告了16例精神病病例。这些病人都曾经长期与有机磷杀虫剂接触，其中有3位是检查喷药效果的科学家，8位在温室中工作，还有5位是农场的工人。他们的症状从记忆衰退到精神分裂和抑郁反应。这些人之前的病史都很正常，而他们所使用的化学品却杀了个回马枪，将他们放倒了。

如我们所知，各种医学文献中，类似的病例到处可见，有的是与氯化烃有关，有的是与有机磷有关。神志不清、出现幻觉、记忆衰退、狂躁不安，为了暂时消灭某些昆虫所付出的代价实在是太大了。只要我们坚持使用这些能够对我们的神经系统进行直接攻击的化学品，那么这种代价就会一直强加于我们身上。

第十三章　透过小窗

生物学家乔治·瓦尔德曾将自己的一个研究专题——眼睛的视觉色素称作"一扇非常狭小的窗户，在远处透过这扇窗户望出去，只能看到一丝光亮。当你越走越近的时候，视野也会越来越宽广，直到最后你贴近窗户的时候，透过同一扇狭小的窗户，你能看到整个宇宙"。

所以只有当我们将注意力首先放在人体的细胞之上，接着是细胞之内的细微结构，最后聚焦在细胞结构内分子间的相互作用——只有当这么做的时候，我们才能理解随意将外界的化学品引入人体的内部环境所造成的严重且深远的影响。医学研究最近才开始关注单个细胞产生能量的功能，这些能量是维持生命质量所不可或缺的。人体非凡的能量产生机制是根本，它不仅关乎健康，对生命也是一样；它的重要性甚至超越了最关键的器官，因为若是离开了顺畅有效的产生能量的氧化作用，身体就完全失去了功能。然而，用来消除昆虫、啮齿类动物、杂草的化学品可以直接破坏这一系统，干扰这一运行得如此完美的机制。

在所有生物学和生物化学中，最令人注目的成就是使我们对细胞氧化作用能有现在这样认识的研究工作。在这其中做出贡献的研究者中包括很多诺贝尔奖的获得者。在前人研究的基础上，这项工作一步一步又向前推进了25年的时间。即使是这样，还有很多细节尚未完成。而且我们在过去10年才将各部分的研究整合到一起，使得生物氧化成了生物学家的常识之一。更为重要的是，1950年之前接受基本训练的医务人员并没有什么机会能了解到它的重要性和破坏了这个过程所带来的后果。

产生能量的终极工作并不是在哪一个特定的器官中完成的，而是在人体的每一个细胞的共同参与下完成的。一个活细胞就像是一团火焰，通过燃烧燃料产生生命所需的能量。这一类比虽然富有诗意，但是不够精确，因为细胞完成"燃烧"是在身体正常温度下进行的。然而数以亿计的燃烧的小火苗点燃了生命之源。而一旦它们停止燃烧，"心脏将会停止跳动；植物会逃脱重力的限制，无法向上生长；变形虫将不会游泳；知觉将无法通过神经传递，人类的大脑中将不会有智慧的火花……"化学家尤金·拉比诺维奇说。

在细胞中，物质转化为能量是一个持续不断的过程，属于自然循环更新的一种，就像是一个永不停止的轮子。碳水化合物以葡萄糖的形式一粒又一粒、一个分子又一个分子地进入这个轮子；在循环的过程之中，燃料分子会发生断裂和一系列细微的化学变化。这些变化都是在有序进行的，一步接一步，每一步都由一种专门的酶指引和控制，各司其职。每一步在产生能量的同时也会形成废物（二氧化碳和水），燃料分子在转化过后会进入下一阶段。当这个轮子转完一圈后，燃料分子已经被分解得差不多了，并准备与新的分子结合，开始新一轮的循环。

细胞的作用过程就像化工厂一样，是生命世界的一个奇迹。其工作车间都极其微小，这更是增添了几分不可思议的感觉。因为除了少数几种，细胞都很微小，小到只能用显微镜才能看到。但是，氧化过程的完成是在一个更小的空间，这个小颗粒就是细胞内的线粒体。虽然人们知道这种线粒体已有60多年了，但是之前它们都被视作未知的细胞元素，没有什么重要作用。直到20世纪50年代，对它的研究才开始变得激动人心，成果丰富；线粒体突然变得举世瞩目了，5年内，单是这一课题就发表了1000篇论文。

在线粒体的谜团被揭开的过程中，人类所表现出来的非凡的才智和耐心值得敬畏。想象一下，线粒体是如此微小，即使在显微镜下放大300倍也无法看到。试想怎样的技术才能将这种颗粒剥离、拆分，然后分析其结构，最终确定它们极其复杂的功能。令人欣喜的是，这一切都借助于电子显微镜和生化学家的高超技术实现了。

如今我们知道了线粒体就是极小的一包包的酶，它们是氧化过程所需的各种酶的混合体，精确有序地排列在线粒体的壁和隔膜上。它就像是一间间"动力室"，大多数能产生能量的反应过程都发生在这里。

氧化的初步环节是在细胞质中达成的，之后燃料分子进入了线粒体中。氧化过程是在这里完成的，巨大的能量也是从这里释放出来的。

若不是为了这个非常重要的结果，线粒体中为了氧化作用而不停运转的轮子就毫无意义可言。氧化循环每一阶段产生的能量都包含在被生化学家称为ATP（三磷酸腺苷）的物质中，这种物质是一种包含三组磷酸盐的分子。它之所以能够提供能量，是因为它可以将其中的一组磷酸盐转化为其他物质，在这一过程中，大量电子来回穿梭，高速运动，释放出键能。这样，在肌肉细胞中，当把末端的磷酸盐运送到收缩肌的时候，就产生了收缩力量，另一个循环接着就开始了——一环套一环：ATP分子失去一组磷酸盐，保留两种，生成二磷酸盐分子ADP。但是随着轮子继续转动，另外一组磷酸盐会补充进来，于是ATP得到恢复。就像我们所使用的蓄电池一样：ATP代表着充满电的电池，ADP则代表着放空的电池。

从微生物到人类的所有生物，都由ATP提供能量。它为肌肉细胞提供机械能，也为神经细胞提供电能。ATP还为精子细胞、受精卵（即将变为一只青蛙、一只鸟或一个婴儿）以及分泌激素的细胞提供能量。ATP的一部分能量会在线粒体中消耗，但是大部分能量会立即输送到细胞中，为细胞活动提供能量。线粒体在细胞中的位置对它们功能的发挥最为有利，因为它们的位置能保证将能量精确送至需要能量的地方。在肌肉细胞中，它们聚集在收缩纤维的周围；在神经细胞中，它们处于细胞间的结合点，为神经冲动提供能量；在精子细胞中，它们集中于推进尾部与头部连接的地方。

氧化过程中的耦合就是充电过程，在这个过程中，ADP和一组自由的磷酸盐结合成ATP，这种紧密连接叫作耦联磷酸化。如果结合变不成耦合的话，那么可用的能量就无法生成。虽然呼吸还在进行着，但是不会产生能量。细胞变得就像一台赛车发动机，能够产生热量，却不能释放热量。这样一来，肌肉就无法收缩，神经冲动也不能传递了。精子无法到达目的地，受精卵也无法完成复杂的分化和发育。对于从胚胎到成人的所有生物，非耦合的后果都是一场灾难：可能导致组织甚至生物体死亡。

非耦合是如何发生的呢？辐射是一种解联剂，并且有人认为受到辐射的细胞就是这样死亡的。不幸的是，很多化学品也具有阻止氧化过程中能量产生的能力，杀虫剂和除草剂就榜上有名。据我们所知，苯酚能够对新陈代谢产生强大的影响，它可能会导致体温升高到致命的程度；这就是"赛车发动机"非耦合的结果。二硝基酚和五氯苯酚就是此类化学品的典型，它们被广泛用作除草剂。另一种非耦合化学品是2,4-D。在氯化烃中，DDT是一种已被证明的非耦合物质，随着科学家进一步的研究，可能会找到此类化学品中的其他非耦合物质。

但是，非耦合并不是唯一能将亿万细胞的小火苗浇灭的原因。我们已经知道，氧化的每个阶段都是由一种特殊的酶来控制和推进的。若是这些酶中的一种，甚至是一个被破坏或削弱，那么细胞内的氧化循环就会停止。不管受到影响的是哪种酶，后果都是一样的。氧化过程就像一个不停转动的轮子，若是将一根撬棍插入辐条中，不管插在哪里，轮子都会停转。同样，若是破坏了氧化过程中的某种酶，那么这整个过程就会停止，因此不会再产生任何能量，其最后的结果与非耦合非常相似。

大量通常用作杀虫剂的化学物质中的任何一种都能充当这个撬棍。DDT、甲氧氯、马拉硫磷、吩噻嗪以及各种二硝基化合物都能抑制氧化循环的一种或多种酶。因此，这些化学物质能阻碍能量生产的全过程，且会造成细胞缺氧。这是一种能招致很多灾难性后果的损伤，我们在这里提及的只是其中很小的一部分。

就如我们在下一章会看到的那样，实验人员仅靠抑制氧气供应，就能将正常细胞转变为癌细胞。其他剥夺细胞中氧气所产生的严重后果也会在动物胚胎的实验中做简单介绍。若是氧气不足，组织的生长和器官的发育就会受到干扰，进而发生畸形和其他异常情况。如果人类胚胎缺氧，也会造成先天畸形。

尽管极少有人会去探求其原因，但是已有迹象表明，人们已经开始关注这类不断增加的灾难了。1961年，人口统计局发起了一项全国范围内新生畸形儿的调查，并附了一张说明，称调查结果将作为先天畸形与环境关联的证据。毫无疑问，此项研究主要对辐射所造成的影响进行检测，但是许多化学品也不容忽视，它们跟辐射的危害是一样的。据人口统计局做出的可怕的预测，未来儿童的缺陷和畸形，几乎都是由无处不在、渗入我们内外世界的化学品造成的。

一些研究发现显示，生殖能力的减弱与生物氧化过程受到干扰以及供应能量的ATP减少有关系。即使在受精之前，卵子也需要大量的ATP，要为下一阶段做好准备，一旦精子进入，卵子受精，需要耗费大量的能量。精子是否能到达并穿透卵子取决于它本身的ATP供应，这些ATP产生于都是由高度集中在细胞颈部的线粒体中。一旦受精成功，细胞就开始分化了。ATP供应的能量很大程度上决定了胚胎能否发育成形。一些胚胎学家研究了青蛙和海胆的受精卵这类容易获得的对象后，发现若是ATP低于一定水平，卵子就会停止分化，很快就死了。

这些得自胚胎实验室中的研究结果同样也适合栖息在苹果树上的知更鸟，它们的鸟窝里有几颗蓝绿色的蛋——但是这些蛋都是冷冰冰的，因为生命的火焰几天之前就停息了。在佛罗里达州，一棵高大的松树上有个老鹰的鸟窝，这个鸟窝是由断枝零零散散地垒成的，但是也错落有致。窝里有3个白色的鸟蛋，但是同样也是冷冰冰的。为什么幼雏都没有被孵化出来呢？鸟蛋是不是和实验室中青蛙的受精卵一样，因为缺乏ATP提供的能量而无法正常生长？是否在成鸟和鸟蛋中累积了足量的杀虫剂，这些杀虫剂使氧化车轮停止，不再产生ATP了呢？

显而易见，对鸟蛋的检测要比对哺乳动物的卵细胞的检测要容易多了，因而不必费神去猜测鸟蛋中是否有杀虫剂，我们能用事实来验证这些。不管是在实验室，还是在野外，凡是接触过化学品的鸟儿，产下的鸟蛋中都会有浓度很高的DDT和氯化烃残留。在一次实验中，从加利福尼亚的野鸡蛋中检测出了百万分之三百四十九的DDT。在密歇根州，在知更鸟尸体的输卵管提取的蛋中，发现了浓度为百万分之二百的DDT。其他一些中毒而死的知更鸟，在它们留下的鸟蛋中也有DDT残留。在附近的一个农场里，艾氏剂中毒的母鸡下的蛋里也含有艾氏剂。实验室里喂过DDT的母鸡下的蛋，也检测出了百万分之六十五的残留。

既然我们知道了DDT和其他（也许是全部）氯化烃会破坏某种特殊的酶，并阻碍能量的产生，或使能量产生机制发生非耦合，就很难想象含有大量农药残留的鸟蛋会完成复杂的发育过程：无数次细胞的分裂，各组织和器官的发育，关键物质的合成最终形成新的生命。所有这些都需要大量的能量——ATP（只有新陈代谢之轮的转动才能产生）。这样的灾难不会局限于鸟类。ATP是一种普遍存在的能量单位，其代谢循环过程在所有的生物身上都是一样的，作用也别无二致。其他物种生殖细胞中残留的杀虫剂也值得我们担忧，因为同样的问题、相同的效应也可能会出现在我们身上。

有证据显示，这些化学毒素不仅出现在形成生殖细胞的组织里，而且会残留在细胞里。在一些鸟类和哺乳动物的生殖器官里发现了杀虫剂的身影，包括人工控制条件下的野鸡、老鼠、豚鼠，给榆树喷药地区的知更鸟，云杉蚜虫药物防治地区的鹿等。其中一只知更鸟睾丸里的DDT浓度比身体其他部位都高。野鸡睾丸里也有大量DDT，大约为百万分之一千五百。

可能是由于性器官中高浓度药物残留的作用，实验中的哺乳动物出现了睾丸萎缩的现象。接触了甲氧氯的幼鼠，睾丸会很小。给小公鸡喂食DDT后，成熟的睾丸只有正常大小的百分之十八，鸡冠和垂肉也只有正常的三分之一大小。

精子也可能由于缺少ATP而深受影响。实验表明，二硝基酚会降低公牛精子的活动能力，因为它会妨碍耦合机制，导致能量减少。如果进行深入调查的话，可能会发现更多的化学品有相同的效应。一些医学报告称，有证据显示在空中喷洒DDT的人员出现了精子减少的现象。

对于全体人类而言，比个人生命更宝贵的是我们的遗传基因，它是连接过去和未来的纽带。经过漫长进化才形成的基因，不仅造就了我们现在的样子，还控制着我们的未来——不管未来充满希望还是威胁。然而，我们这个时代正面临着人工产品导致基因衰退的威胁，"这也是对文明最终的、最严重的威胁"。此时，比较一下化学品和辐射不仅合适而且必要。受到辐射的活细胞会遭到毁坏：正常分裂能力遭到破坏，染色体结构发生变化，携带遗传信息的遗传基因会发生突变，造成后代出现新的特征。如果细胞极其敏感的话，可能立刻被杀死，或者多年后变成恶性细胞。

　　在实验室里一大批化学品的类放射或者模拟放射已经证实了辐射的后果。许多杀虫剂和除草剂就属于这类物质。它们会导致与之接触过的人得病，或者在其后代身上体现出来。

　　仅在几十年前，还没有人知道辐射和化学品的这些效应。那时候，还没有原子裂变技术，用于模拟辐射的化学品还没有进入化学家的试管。到了1927年，得克萨斯大学一位动物学教授赫尔曼·J.缪勒博士发现，动物被X射线照射后，后代会发生突变。缪勒的发现开创了科学和医学研究的新领域。后来，缪勒因此获得了诺贝尔生理学或医学奖。由于对放射后果的宣传铺天盖地，现在就连门外汉都对其了如指掌。

　　尽管受到的关注不多，20世纪40年代早期，爱丁堡大学的夏洛特·奥尔巴赫与威廉姆·罗宾森也发现了类似情况。他们发现，与辐射一样，芥子气也会造成染色体异常。果蝇实验（早期，缪勒也曾用果蝇进行X射线的研究）显示，芥子气也会引发突变。就这样，人类发现了第一种诱变剂。

　　如今，除了芥子气外，人们还发现了很多其他化学品也可以改变动植物的遗传物质。为了认识化学品是如何改变遗传过程的，我们必须首先了解"生命"是如何在活细胞这个舞台上演的。

　　构成身体组织和器官的细胞必须有不断增殖的能力，才能保证身体的生长和生命的薪火相传。这个过程是由有丝分裂或核分裂完成的。在一个即将分裂的细胞内，会发生最重要的变化：首先是细胞核内的变化，最终扩散至整个细胞。在细胞核内，染色体会神奇地移动、分裂，然后排成一种固定的模型，把遗传物质——基因传给子细胞。起初，它们呈长长的线状，基因排列在上面就像一串珠子一样，然后，每条染色体纵向断裂开来（基因随之分裂）。细胞分成两半后，染色体会分别进入其中一个子细胞内。这样每一个新细胞都会包含一整套染色体，染色体上包含所有的遗传信息。通过这种方式，物种的完整性得以保存和延续。

　　在生殖细胞的形成过程中会发生一种特别的细胞分裂。因为对于特定的物种来说，其所拥有的染色体数目是恒定的，由此可知，即将生成新个体的精子和卵子只能携带一半的染色体进入新的个体中。在生殖细胞形成的分裂过程中，染色体精确地完成了这一行为。此时的染色体并不分裂，每对染色体中完整的一条就会进入每一个子细胞中。

在这个阶段里，所有的生物的变化都是一样的。地球上所有的生命都会经历细胞分裂；不论人还是变形虫，高大的红杉还是微小的酵母，若是没有了细胞分裂，它们都无法长期存活。因此，任何对细胞分裂造成阻碍的因素对生物的福祉及其后代都会构成严重的威胁。

乔治·辛普森和同事皮特·德利以及蒂凡尼在他们包罗万象的名为《生命》的书中这样写道："细胞组织的主要特征，包括细胞分裂在内，一定超过5亿年了，也许将近10亿年。这样看来，地球上的生命既脆弱又复杂，在时间上具有难以置信的持久性——甚至比山脉都要久远。这种持久性完全依靠遗传信息以难以置信的精确性一代代地传递下去。"

但是在作者所回顾的这10亿年里，"难以置信的精确性"从未受到过20世纪中期因人造辐射和人造化学品广泛传播所带来的直接而剧烈的攻击。澳大利亚一名著名的医师，同时也是诺贝尔奖获得者麦克法兰·博纳特先生认为，这是我们时代"最明显的医学特征之一"，"作为先进治疗手段和化学物质生产的副产品——诱变剂，越来越频繁地突破了人体器官免受诱变因素危害的屏障"。

对人类染色体的研究尚处于初级阶段，环境对染色体影响的研究直到最近才变得可能。直到1956年，由于新的技术，才使人类确定了人体细胞的染色体数量是46条，并且能观察到染色体及其片段是否存在。环境中的某些因素可以造成基因损害这个概念还相对较新，而且除了遗传专家外，大多数人知之甚少，所以专家的意见极少能被听取。而现在，辐射的各种危害已经为人所熟知——尽管在某些相当令人惊讶的地方仍旧被竭力否认。常常令缪勒博士感到遗憾的是，"不光是政府的决策者，还有很多医学界的人都拒绝接受遗传原理"。关于化学品与辐射的危害是类似的这一点，公众以及众多的资深医学专家、科技人员都知之甚少。正是由于这个原因，许多化学品在评测之前，就被广泛地使用（而不是被用于实验室），但是对此做出评测是绝对必要的。

麦克法兰先生不是唯一一个预想到了潜在的危险的人，英国一位权威人士皮特·亚历山大博士说，比起辐射，类放射化学物质"可能具有更大的危险"。缪勒博士根据数十年的遗传学报告，提出警告："各种化学品（包括以杀虫剂为代表的那类化学品）跟辐射一样会增加基因突变的频率……在与异常化学品接触如此频繁的现代环境下，人类基因可能会突变到何种程度，我们不得而知。"

人们对化学诱变剂的普遍忽视，可能要归咎于这样一个事实：最初发现的几种诱变剂仅用于科学研究。毕竟，氮芥并没有从空中洒向所有人，而是掌握在实验生物学家，或是用其治疗癌症的医生手中（最近有报告提到，接受癌症治疗的病人的染色体受到了损伤）。但是大多数人正与杀虫剂和除草剂密切接触。

尽管这个问题所受到的关注不多，但是我们还是能够从许多杀虫剂的案例中收集到信息，这些信息表明它们不同程度地破坏了细胞的重要机能：从染色体损伤到基因突变，最终导致癌变的灾难性后果。

几代蚊子在与DDT接触之后，会转变成一种被称为雌雄同体的奇怪生物——一半是雄性的，一半是雌性的。当植物被苯酚处理过之后，其染色体会遭到破坏，基因发生变化，出现大量突变和"不可逆的遗传变化"。接触过苯酚后，基因突变也会出现在果蝇（基因经典实验对象）身上；接触常见的除草剂或尿烷后，果蝇剧烈的基因突变可能会导致其死亡。尿烷属于氨基甲酸酯类化学品，越来越多的杀虫剂及其他农药都是用这类化学品制成的。有两种氨基甲酸酯类化学品已被用来防止储藏的土豆发芽，因为它们可以阻止细胞分裂。另一种防止发芽的化学品——马来酰肼已经被认定为一种强大的诱变剂。

用BHC或林丹处理过的植物会变得奇形怪状，其根部会出现瘤子一般的肿块。它们的细胞会肿胀变大，因为细胞内部的染色体数量已经翻倍了。染色体的倍增会一直持续下去，直到细胞不再分裂。

除草剂2,4-D也会使被处理过的植物根部长出肿块。染色体会变短、增厚，并聚拢在一起。细胞分裂被严重阻滞了。这种危害据说和X射线的照射效果极为类似。

这些仅仅是一小部分例证，还有很多可以援引。然而，直到现在也没有旨在检测杀虫剂诱变后果的综合研究。上面所提到的例子只是细胞生理学或遗传学研究的附带品。当前最为紧迫的就是要对这个问题进行直接的研究。

有些科学家虽然承认环境辐射对人类的危害，却怀疑化学诱变剂是否具有相同效应。他们引证了辐射的强大穿透力，但对化学品会侵入生殖细胞表示怀疑。这是因为在这个问题上，我们缺乏对人类自身的直接研究。然而，出现在鸟类和哺乳动物生殖腺和生殖细胞中的大量DDT残留是一个强有力的证据，至少能证明氯化烃不仅能遍布整个生物体内，还能接触到遗传物质。宾夕法尼亚州立大学的教授大卫·E.戴维斯最近发现，一种在癌症治疗中有限度使用的强有力的化学品能够阻止细胞分裂，而且能引发鸟类不孕。达不到致命标准的化学品也会造成生殖腺里的细胞停止分裂。戴维斯教授的野外试验也取得了一些成果。显然，我们没有任何理由相信所有生物的生殖腺会免受环境中各种化学品的侵害。

最近关于染色体异常的医学发现是极其令人感兴趣且意义重大的。1959年，英法两国的调查小组发现他们的独立研究指向了一个共同的结论——人类的某些疾病是由染色体数量异常引起的。研究人员对某些疾病和畸形所进行的调查发现，这些人的染色体数量都不正常，通常所说的唐氏综合征患者，其细胞内就多了一条染色体，这条染色体有时会附着在另一条上，因而染色体总数还是46条。通常情况下，这多余的一条染色体是独立存在的，因此染色体的数量就变成了47条。这些疾病的原因要追溯到上一代人。

美国和英国的慢性白血病患者身上均出现了一种异常机制。患者的血细胞中出现了染色体异常的情况，因为染色体缺失了某些部分。这些患者的皮肤细胞内的染色体是正常的。这就说明，染色体缺陷并不是在生殖细胞中发生的，而是会对人体的特定细胞（在这个案例中，首当其冲的是血细胞）造成损害。染色体的部分残缺可能会导致这些细胞失去了正常行为的"指令"。

自从这一研究领域被开辟出来之后，与染色体异常相关的身体缺陷以惊人的速度增长，已经超出了医学研究的范畴。已知有一种叫作克氏综合征的疾病就是与一条性染色体的复制有关。患者为男性，但是有两条X染色体（变成XXY，而不是正常男性的XY），所以他会有些不正常：常常出现身体过高、智力缺陷和不孕不育等症状。与之相比，如果一个人只得到一条性染色体（成为XO，而不是正常的XX或者XY），虽然是女性，但是会缺少很多第二性征。这种情况，患者通常伴有身体（有时候是智力）缺陷，因为X染色体必定带有各种特征的基因。这就是所谓的特纳综合征。在这两种病症的原因被人们知晓之前，医学文献中早就有记载了。

很多国家的研究者在染色体异常这一课题中已经做了大量的工作。由克劳斯·帕托博士领衔的威斯康星大学研究组，一直在关注各种先天畸形，通常包括智力缺陷。这可能是由于一条染色体只进行了部分复制而引发的，似乎是在生殖细胞的复制过程中，一条染色体断裂后，碎片没能进行适当的分配。这种缺陷很可能影响胚胎的正常发育。

据现有的知识，一条完全多余的染色体通常是致命的，因为其会威胁胚胎的生存。目前据我们所知，只有3种情况可以使胚胎存活下来，其一是唐氏综合征。这个多余的基因片段，虽然会引发严重的损伤，但是不一定会致命。据威斯康星州的某些研究人员说，这种情况可以对大量原因不明的案例做出合理的解释，这些案例中，一些孩子一出生就有多种缺陷，通常包括智力低下等情况。

这是一个全新的研究领域，目前科学家研究的重点是染色体异常与疾病和缺陷的关系，还没有探究其原因。若是认定单一物质就能造成细胞分裂过程中染色体的破坏或行为异常，这无疑是愚蠢的。但是，现代环境中满是能够直接攻击我们染色体的化学品，这些化学品能够引发上述病症，对于这样的事实，难道我们应当熟视无睹吗？为了一个不发芽的土豆或者一个没有蚊子的小院，这么做的代价是否有些太高了？

只要我们愿意的话，就一定能够减少这种对遗传基因的威胁，我们的遗传基因，是细胞质经历了20亿年的进化和选择的结果，仅仅是暂时保存在我们这里，之后我们还要把它传递给子孙后代。我们现在为保护基因完整性所做的努力只是杯水车薪。尽管法律规定化学品生产商要检验产品的毒性，但是并没有要求他们检验化学品对基因的影响，而且他们也不会这么做的。

第十四章　四分之一的概率

　　生物与癌症的抗争由来已久，因为年代久远，其源头早已无迹可寻。但是它必定是发端于自然环境之中，其受到太阳、风暴和地球古老的环境中或好或坏的因素的影响。在这种环境下，会引发一些灾难，生物或是对此适应或是走向灭亡。太阳的紫外线会诱发恶性肿瘤，某些岩石所发出的辐射也是如此，而食物和水源也会被土壤或岩石冲刷出来的砷污染，从而导致某些疾病的发生。

　　早在生命出现之前，这些危险的元素就已经存在了，即使是这样，生命还是出现了，在历经了数百万年之后，形成了数量繁多、种类丰富的物种。在自然界漫长的发展过程之中，那些适应能力弱的物种被淘汰了，剩下了适应能力强的物种，生命和自然界中的破坏力量达成了相互适应的状态。存在于自然界的致癌物现在仍然是引起恶性病变的诱因，但是因为它们的数量很少，生命从开始的阶段就对这种早已存在的物质产生了适应力。

　　而这种情况随着人类的出现开始有所转变，因为与其他的生物相比，人类能够创造出致癌物质。在几个世纪以来，其中的某几种致癌物质早已存在于环境中，例如，含有芳香烃的烟尘。工业时代到来后，世界处于一种持续发展的过程之中，许多新生成的化学和物理元素随之产生，其会导致生物的某些生理方面产生变化。人类对于这种出自自己手中的致癌物质没有什么防护措施。人的生物遗传的演化过程非常缓慢，因而需要很长的时间来适应新的条件。正因为这样，人类自身脆弱的防线在这些强大的致癌物质面前，毫无还手之力。

　　虽然癌症很早之前就存在了，但是人类对癌症发生的诱因的认识相对迟滞。大概是在两个世纪之前，伦敦的一位医生才首次发现，恶性肿瘤会因外部或是环境的因素被诱发。波西瓦·帕特先生在1775年宣布，清洁烟囱的工人高发的阴囊癌与累积在他们体内的烟灰有着必然的关系。他那时还无法提供我们今天所要求的那种"证据"，但是烟灰中的致癌物已经能通过现代技术分离出来，这验证了他的想法。

在帕特的发现出现一个世纪或是更长的时间之内，人类对于癌症的认识一直停滞不前，他们没有认识到经过多次皮肤接触、吸入或者吞食的行为，某些化学物质能够致癌。但是有人注意到了在康沃尔和威尔士炼铜厂和铸锡厂工作的工人中易发皮肤癌，这与其长期与含砷烟雾接触有关系。也有人发现，在萨克森州的钴矿和波西米亚省约阿希姆斯塔尔的铀矿工作的工人易患某种肺病，这种肺病之后被确认是癌症。但是这些案例都是前工业时代的现象；在工业大规模发展之后，这些物质就侵入世界上几乎每一个生命体之内。

19世纪最后的25年里，人们才开始意识到，恶性病变起源于工业时代。巴斯德在当时竭尽全力要去证明很多传染病的病原是微生物，而另一些人正在研究是什么造成萨克森新型褐煤和苏格兰页岩产业工人出现了皮肤癌，以及他们在工作中因为与柏油和沥青接触所诱发的其他癌症。人类在19世纪末已经发现了6种致癌物；而到了20世纪，人类却创造出了数不尽的致癌化学品，并且这些致癌化学品还与普通人亲密接触。在帕特的研究工作之后不到两个世纪的时间内，环境状况发生了翻天覆地的变化。危险的化学物品的接触不再局限于职业人员身上，而是走进每个人的生存环境之中，甚至连未出生的婴儿也不能幸免。因此，我们现在看到数量如此多的恶性疾病出现，也就没什么好奇怪的了。

实际上，恶性疾病的增长并不是出自人们的主观臆断。人口统计局1959年7月的月报上声称，恶性疾病的增长（包括淋巴和造血组织的恶性病变）所造成的死亡人数占1958年死亡总人数的百分之十五，而这一数字在1900年仅为百分之四。依照现在的发病率来看，美国癌症协会估计现有人口中有4500万人最终会患上癌症。这也就是说将会有三分之二的家庭会遭此厄运。

至于儿童的情况更是不容乐观。25年前，患上癌症的儿童微乎其微。

而现在，儿童因为癌症而死亡的数量比其他任何疾病都要多。这种状况很是让人忧心，波士顿因此成立了一家专门治疗患癌儿童的医院。在1到14岁年龄段孩子的死亡总数中有百分之十二是死于癌症。年龄在5岁之内的儿童中，大量的恶性肿瘤的临床案例也被发现。让人感到惊恐万分的是，许多刚刚出生甚至还未出生的孩子已经出现了肿瘤的症状。国家癌症研究所的W.C.休伯博士是环境致癌研究的资深人士。在他看来，先天性癌症和婴儿患癌可能与母亲在怀孕期间接触致癌物质有关系，这些致癌物质在侵入胎盘之后，会对生长中的胚胎组织造成危害。通过实验，也证明了体形较小的动物在接触到致癌物质之后增加了患上癌症的概率。佛罗里达大学的弗朗西斯·雷警告说："食物中所添加的化学品会诱发儿童患上癌症……在一两代的时间之内，我们都无法预知将会发生什么……"

　　人类需要去关心的问题是，我们用来对自然界实施控制的化学品是否会直接或间接导致癌症的发生。根据动物实验得到的结果来看，有那么五六种杀虫剂必定要被列入致癌物的名单。若是把医生所认为的会诱发白血病的化学品给添加上去的话，这份名单会更长。因为我们无法在人身上做实验，所以这些实验得出的证据都有其偶然性，但是这些结论都让人印象深刻。如果在名单上添上可以导致活体组织和活性细胞间接致癌的化学品，那么还会有更多的杀虫剂上榜。

　　说到最早发现与癌症有关的化学品，含砷杀虫剂就是其中一例。例如可以被用作除草剂的亚砷酸钠和可以用来杀虫的砷酸钙以及其他化合物。人类和动物所患的癌症与砷之间的关系由来已久。在专著《职业肿瘤》中，休伯博士说到了与砷接触后的案例。近1000年来，西里西亚地区雷切斯坦市一直属于金、银矿的重要产区，也开采了数百年的砷矿。砷矿废料几个世纪以来堆积在矿井周围，山上流下来的溪水把这些废料冲走了，这样一来导致地下水受到了污染。几个世纪以来，当地很多居民饱受"雷切斯坦病"的困扰，它是一种慢性砷中毒，表现为肝、皮肤、消化系统和神经系统紊乱。这种疾病常常会引发恶性肿瘤。现今这种疾病已经不再肆虐了，因为这里大约在20年前改换了饮用水水源，在新的水源里，已经不含砷了。但是在阿根廷的科尔多瓦省，因为取自岩层的饮用水中含砷，伴有皮肤癌的慢性砷中毒仍旧很严重。

　　若是长期持续使用含砷杀虫剂，会很容易出现与雷切斯坦和科尔多瓦类似的情况。在美国烟草种植区、西北部果园和东部蓝莓产区，含砷药剂被普遍使用，这样一来很容易污染供水。由砷造成的污染不仅对人类造成危害，还会影响到动物。德国在1936年发表了一份重要报告。报告宣称在萨克森州的弗莱堡市，大量含砷的烟尘由银、铅熔炉中喷出，散布在空中，之后含砷的烟尘飘向周边的村落，最终会飘落在植物上。休伯博士在报告中说，马、牛、山羊和猪肯定是食用了这些植物，它们身上出现的脱毛和皮肤加厚的状况就是最好的证明。而生活在附近森林中的鹿身上出现了异常色斑，还有癌症前期会出现的疣，有一只鹿很明显是得了癌症。凡是受到其影响的家畜和野生动物无一例外都患上了"砷肠炎、胃溃疡和肝硬化"。圈养在冶炼厂附近的羊得了鼻窦癌。在羊死亡之后，我们可以在其大脑、肝脏和肿瘤中监测到砷的存在。在这一地区，昆虫尤其是蜜蜂大批死去。而含砷的粉尘在下雨的时候，随着雨水一起流进了小溪和池塘中，大批的鱼儿因此丧命。

　　一种广泛地用来治理螨和扁虱的新型有机杀虫剂也在致癌物之列。历史充分向我们证明，虽然有相关法律的存在，但是法律程序本身的迟滞性使得大众在政府有所行动之前，不得不在好几年的时间内都暴露在致癌物之下。这个故事有意思之处在于，今日说服公众接受的所谓"安全"的东西，很可能明天就会变得极其危险。

　　在1955年这种化学品问世的时候，生产商曾经为它申请过一个容许值，即允许农作物上有少量的化学残留。他们按照法律的要求，做了动物实验，把实验所得出的结果一起提交了上去。但是在食品和药物管理局的科学家看来，这种产品有致癌的风险，鉴于此，食品和药物管理局的局长建议实行"零容忍"，这也就是说州与州之间所进行的食品贸易不能允许有任何药物的残留。但是，生产商有权对此上诉，该案交由委员会来决断。委员会最后做出了折中的处理意见：可以允许有百万分之一的残留。除此之外，这种产品可以先在市场上销售两年的时间，看看其所产生的效果。在此期间，还要对产品进行实验研究。

委员会的这一决定虽然没有言明，但这其实就是将公众与用来做实验的豚鼠、狗与老鼠等同视之。但是，相关的动物实验很快就得出了结果，仅仅用了两年的时间就证明了这种用来除灭螨虫的药剂确实含有致癌物。可是直到1957年，食品和药物管理局依旧没有把这个容许值撤销，致癌物因而可以继续在大众的日常食品中大行其道。这之后又耗费了一年的时间走各种法律程序，一直到1958年12月，才开始施行食品和药物管理局局长提出的"零容忍"的建议。

　　而在含有致癌物的杀虫剂中，这些绝对不是个例。通过实验室中的动物实验，科学家发现了DDT能够引发疑似肝脏肿瘤。而食品和药物管理局的科学家对这些已发现的肿瘤应该如何归类不知所以，但是感觉应该把它们归在"低级肝癌细胞"之中。而现今休伯博士已然明确地把DDT定为"化学致癌物"。

　　属于氨基甲酸酯类的两种除草剂IPC和CIPC已被证实可以引起老鼠皮肤肿瘤，其中的一些还是恶性肿瘤。这些化学品先是诱发了恶性病变，之后存在于环境中的各种化学品共同作用，最终导致了这样的后果。

　　实验动物会由于接触到除草剂氨基三唑而引发甲状腺癌。1959年，一些蔓越橘种植户不小心使用了这种化学品，这一行为导致了等待上市出售的果实上存留了这种药物。食品和药物管理局将这些受到化学污染的水果没收之后，包括很多医学人士在内的人对这种化学品会致癌这一点深表怀疑。食品和药物管理局通过发布实验用的老鼠在喝了氨基三唑之后患上癌症的研究来证实这一事实。实验用的老鼠喝下了浓度为百万分之一百的氨基三唑（即一万勺水中加入一勺氨基三唑），实验进行到第68周的时候，老鼠就患上了甲状腺肿瘤。超过一半的实验用的老鼠在两年后都出现了良性或是恶性的肿瘤。即使是用小剂量来投喂也会引发肿瘤——事实上，不论是什么样的剂量都引起肿瘤。究竟多大剂量的氨基三唑会使人类致癌，还没有人对此有定论。但是哈佛大学医学教授大卫·鲁茨坦已经指出，能够导致癌症的剂量取决于人自身对致癌物质的适应程度。

　　到目前为止，对于新型氯化烃杀虫剂和除草剂所能产生的全部效应，我们没有充足的时间去了解。由于大多数的恶性疾病都发展得相当缓慢，想要找到临床症状的节点，需要将患者的一生给切分开来看。在20世纪20年代早期，用刷子给钟表转盘涂发光数字的妇女不小心触碰到自己的嘴唇，因而摄入了小剂量的镭。而这之后的15年或是更长的一段时间后，其中某些妇女得了骨癌。在15到30年后，甚至更长时间之后，那些在工作中接触到化学致癌物的人，才会发现患上了癌症。

与工人在工业生产中接触致癌物的漫长时间相比，在1942年，军人才首次与DDT接触，而致癌物与普通民众的接触始于1945年。各式各样的化学品到了50年代才开始投入实际应用之中。这些化学品种下的恶毒的种子正在慢慢扎根，长出嫩芽，其所能导致的结果还没有显现出来。

较长的潜伏期，是大部分恶性病变所普遍存在的现象。但是白血病是个例。原子弹爆炸之后，短短三年时间，广岛的幸存者就患上了白血病，据此，我们有理由相信它的潜伏期可能是很短的。其他癌症的潜伏期或许也相对较短，但是在发病过程普遍缓慢的癌症中，白血病是个例外。

白血病患者的数量随着杀虫剂的盛行而逐渐攀升。美国人口普查局所提供的数据清晰地表明造血组织病变正急剧增加。1960年，单单是白血病一种就造成了12290人死亡。1950年，有16690人死于血液和恶性淋巴肿瘤，到了1960年，这个数字猛增至25400人。1950年，每10万人的死亡人数为11.1人，到了1960年增至14.1人。死亡人数的增加不只是出现在美国，各个国家因白血病而死亡的人数正在以百分之四到百分之五的速度增加。这一情况意味着什么呢？那些人类越来越频繁地接触到的具有致命危害的化学品又是什么呢？

像梅奥医院这样世界闻名的机构已经确诊有数百名患者死于这种造血组织疾病。在这家医院血液科工作的马尔科姆·哈格雷夫斯博士以及他的同事报告说，这些患者曾经接触过包括DDT、氯丹、苯、林丹以及石油蒸馏液等各种喷剂。

在哈格雷夫斯博士看来，因为施用有毒的物质而导致的环境性的疾病一直呈现增加的趋势，"尤其是在最近10年里"。他根据自己丰富的临床经验得出这样的结论："大部分患有血质不调和淋巴疾病的人都曾长期接触各种烃类化合物，而当今的大部分杀虫剂都在其列。对病历仔细研究之后总会有这样的发现。"现在他手上掌握着大量他诊治过的患者的详尽的病历，这些病症包括白血病、再生障碍性贫血、霍奇金病以及造血组织紊乱等。他说："这些患者都曾经大量地接触过这些致癌物质。"

我们能从这些病例中得到些什么呢？以一位厌恶蜘蛛的妇女为例。她在8月中旬下到了地下室，拿着含有DDT和石油蒸馏液的喷雾器，在地下室喷了一次药，把楼梯下面、水果柜里、天花板和椽子上的所有缝隙角落全喷了个遍。药物喷洒完毕之后，她马上就感到身体不适，她感到恶心、烦躁、精神极度紧张。几天之后她觉得自己好转了些。然而，显而易见的是她根本没有意识到自己发病的原因。所以9月的时候，她又喷洒了一次。历经了两次喷药、生病、缓解的循环之后，她第三次去喷药的时候，出现了发烧、关节疼、浑身不适的新症状，其中一条腿患上了急性静脉炎。哈格雷夫斯博士对她进行检查之后，发现她患上了白血病。她死于一个月之后。

哈格雷夫斯博士的另一位患者是一位办公室职员。其办公室位于一栋旧大楼里，那里时不时会有蟑螂。这让他深感困扰，于是他下定决心要亲自杀灭蟑螂。某个周末，他花费大半天的时间把地下室整个都喷洒了一遍，犄角旮旯儿都没有放过。他用的喷剂是溶解在甲基萘溶液中浓度为百分之二十五的DDT。这之后，他身上很快就开始出现瘀青，还开始皮下出血。当他到诊所的时候，已经是满身伤口了。经过血液分析，他患上了严重的骨髓衰退症——再生障碍性贫血。在之后的5个半月里，他接受了59次输血，还接受了其他辅助性治疗。他在某种程度上复原了，但是在大概9年之后，他还是患上了致命的白血病。

在一些病例中，涉及的化学品最多的是杀虫剂，包括DDT、林丹、BHC、硝基酚、防蛾晶体对二氯苯、氯丹，以及它们的溶剂等。正如这位医生所强调的那样，只与一种化学品接触是一种特例，不是普遍情况。农药中通常包含多种化学物质，这些化学物质会溶于石油蒸馏液和某些分散剂中。含有芳香烃和不饱和烃的溶剂本身就会对人的造血器官造成伤害。这些区别从农药的使用角度而不是医学角度来看，并没有什么重要的，因为在日常药物的喷洒过程中，这些石油溶剂是不可或缺的。

哈格雷夫斯博士的观点可以被美国和其他一些国家的医学文献中记载的病例所证实，即这些化学品与白血病及其他血液病之间存在因果关系。这些病例中的患者包括日常生活中的各类普通人：遭受自己的喷药设备或飞机喷药毒害的农民；为了消灭蚂蚁，而在自己的书房里喷药，之后又继续在书房里读书的大学生；在家里装了便携式六氯环己烷喷雾器的妇女；在喷过氯丹和毒杀芬的棉花地里工作的工人等。在医学术语背后，隐含着很多悲剧。捷克斯洛伐克[①]的两位表兄弟，在同一个城镇生活，常常一起工作和玩耍。他们生前干的最后一份工作是一起在一家农场里卸下成袋的杀虫剂（BHC）。其中一个人在8个月后得了急性白血病，9天之后就暴毙了。这时，疲倦和发烧的症状也出现在他的表弟身上，不到3个月，他的病情就急转直下，之后被送往医院，确诊得了急性白血病，最后，他也不幸死去了。

另外一位瑞典农民的故事让我们想起了日本渔夫久保山驾着"福龙号"渔船捕鱼的故事[②]。与渔夫久保山靠捕鱼为生一样，这位瑞典农民身体健康，靠种地为生。但是天空中飘来的毒雾给他下了死亡判决书：这其中之一是放射性烟尘，另一种是化学粉尘。在大约60英亩的土地上，这个人喷洒了含有DDT和BHC的粉剂。就在他喷洒药剂的时候，药粉被一阵一阵的微风吹起，这些药粉将他笼罩了起来。据隆德市医院的记载显示："他在晚上的时候感到筋疲力尽。在这之后的几天里，他总是虚弱不堪，而且感到背疼腿疼，全身发冷，只能卧床休息。他的病情每况愈下，即使这样，直到5月19日（喷药一周后），他才提出申请，要去当地的医院住院。"他一直发着高烧，血细胞水平也不在正常范围内。他之后被送往内科诊室，苦熬了两个半月之后，他还是去世了。根据尸检的结果，发现他的骨髓已经完全萎缩了。

对于细胞分裂这样一种正常且必要的过程，为什么会在突然之间

---

① 捷克斯洛伐克：1992年12月31日，捷斯联邦解体。1993年1月1日起，捷克和斯洛伐克分别成为独立主权国家。

② "福龙号"渔船捕鱼的故事：这艘渔船在远离马绍尔群岛最北端的比基尼岛外的公海上捕鱼，遇到了美国氢弹试验放射性微尘，引起了船上渔夫的急性中毒病症。

变得异乎寻常且带有巨大的危害性了呢？科学家对这个问题很是关注，也为之投入了大量的金钱。到底在细胞之内发生了什么样的变化，使得细胞的有序增长被打乱，变成了肆意增生的癌症呢？

能够肯定的是，这一问题的答案是多样的。癌症的形态多种多样，其病源、发病过程、生长和退化的控制因素都不相同，因而产生的原因也是错综复杂的。但是藏在众多表象之下的，是癌症可能不过是几种细胞受到了基本损伤而已。世界各地对此都在进行着科学研究，其中一些研究甚至不是对癌症进行的专门研究，但是在这些研究之中，我们能看到解决问题的希望之光。

我们再一次发现，只有通过对细胞和染色体这些生命的最小单位进行观察，我们才能拨开重重迷雾，获得更广阔的视野。我们必须在这个微观的小世界里找到改变细胞的奇妙运行机制，以及使它们变得异常的因素。

在众多的关于癌细胞的起源的理论中，最深入人心的理论是由德国马克思·普朗克细胞生理学研究所的生化学家奥托·沃伯格教授提出的。他将毕生的精力都放在细胞内部氧化过程的研究中。他凭借着自身的丰厚的知识储备，对正常细胞癌变的过程做出了清晰的解释。

他认为，不论是辐射还是化学致癌物，它们都是从对细胞的正常呼吸的破坏开始的，这样一来，细胞的能量就被剥夺了。反复地接触小剂量的这种物质会抑制细胞的呼吸，这种影响一旦造成，就难以恢复。那些在毒素的破坏之下没有被杀灭的细胞会竭尽全力去补充所失去的能量，但是这样一来，剩下的这些细胞就无法通过神奇高效的循环过程来大量生产ATP了，它们不得不采用发酵这种既原始且低效率的方式。借助于发酵的生存模式会持续很长时间，之后的细胞分裂也会沿用此种呼吸方式。

若是细胞失去了正常的呼吸能力，就难以恢复。1年的时间不行，10年甚至更长的时间也难以恢复。但是，侥幸生存下来的细胞为了恢复自身的能量要进行持久的抗争，只有适应能力最强的细胞才能活下来。到了最后，细胞内的呼吸作用完全被发酵作用取代，以此来提供能量。这时，那些正常的细胞也转变成了癌细胞。

沃伯格的理论阐明了另外一些让人感到迷惑不解的问题。大多数的癌症的潜伏期很长，是因为细胞的呼吸作用在第一次受到严重的破坏之后，发酵作用渐渐增强起来，伴随着无数次的细胞分裂。发酵作用因物种的不同，其速度也不一样，因而所耗费的时间也不同。若是发生在老鼠身上，所需的时间较短，癌症会很快显现；而人类所需的时间却很长，这一过程可能需要几十年的时间，癌症发病的过程很缓慢。

他的理论还向我们揭示了为什么比起一次性大剂量接触，反复小剂量的接触要更加危险。一次性大剂量接触可以直接将细胞杀死，但是如果接触的剂量较小的话，有些细胞即使受到损伤还会存活下来。这些侥幸存活下来的细胞最终会发展成癌症。这也就揭示了为什么致癌物谈不上存在什么"安全"剂量的原因。

他的理论还能为我们解释另外一种难以理解的现象——为什么同一种元素既可以用于癌症的治疗，而其本身也会引发癌症的出现。我们都知道，辐射就是这样，它既能杀死癌细胞，也能诱发癌症。许多用在癌症治疗中的化学品也是这样。究竟为什么会出现此种现象呢？是因为这两种方式都会对呼吸作用造成破坏。癌细胞本身的呼吸作用已经受到过损害了，如果再加上辐射的作用，它很容易就会死亡。若是正常的细胞，在遭遇这些物质的时候，呼吸作用受到了破坏，虽然不会因此而立马死亡，但是它也会因此走上一条最终会癌变的道路。

1953年，沃伯格的观点被证实了，另外一些研究人员通过对正常细胞长期且间断性地供氧，将之转化成了癌细胞。他的理论在1961年再次被证实，在这次的实验中，实验对象是活体动物而不是人工培养的组织。研究人员在患有癌症的老鼠体内注入放射性追踪物质，在认真地检测之后，发现其体内的细胞的发酵作用远超正常的水平，这个实验结果与沃伯格的预测相符。

根据沃伯格确立的标准，大部分杀虫剂都能达到致癌的标准。就如上一章中所提及的，很多氯化烃、苯酚和某些除草剂都会对细胞的氧化和能量产生机制造成破坏。通过氧化和能量产生机制，这些化学品能够创造出很难被检测到的休眠细胞，这些细胞内潜藏着不可逆转的恶性病变。直到某一天，当我们将病因给彻底遗忘的时候，当我们对此不会感到怀疑的时候，它们会在突然之间爆发，癌症也就显现了。

通往癌症的另一条途径可能是染色体。这个领域的很多声名显赫的专家用怀疑的眼光看待破坏染色体、干扰细胞分裂或引起突变的所有因素。在他们看来，任何突变都可能会是潜在诱发癌症的罪魁祸首。虽说突变理论涉及的可能是未来几代人才会感到其威力的生殖细胞，但是，突变也会存在于身体细胞之中。根据癌症起源的突变理论，细胞在受到了辐射或者是被化学品影响的情况下，会发生突变现象，继而会产生细胞分裂，其所生成的新的细胞具有逃脱机体控制的能力，有朝一日，它们就会增殖起来，累积成癌症。另外一些研究者指出，存在于癌细胞中的染色体具有不稳定性，它们很容易断裂或者是受到损害，其数量也不是那么稳定，有时可能会出现两套染色体。

艾伯特·莱文和约翰·J.波塞尔是首次发现染色体异常与恶性病变之间的关联的，他们都就职于纽约的斯隆凯特林研究所。对于恶性病变与染色体变异孰先孰后的问题，他们毫不犹豫地给出了答案，"染色体变异要早于恶性病变出现"。他们或许是这样推测的，当染色体最开始被破坏，出现了不稳定的情况之后，在其后相当长的一段时间内，许多代的细胞都会进行反复试验和试误（即恶性病变的漫长潜伏期），在这一过程中，会产生很多突变的现象，这就使得细胞逃脱身体机制的控制，开始无规律地增长，这也就是癌症。

欧基维德·温格是染色体变异理论的早期支持者之一。在他看来，我们尤其要对染色体倍增的情况加以注意。通过反复观察，研究者发现BHC及其同类化学品林丹能够使得实验室的植物的染色体倍增，而这些化学品又与许多有确凿记录的致命性贫血病的病例有着千丝万缕的联系，这是个巧合吗？另外一些能够对细胞分裂造成干扰的杀虫剂会不会导致染色体的破坏，从而引发其突变呢？

因子最主要的攻击目标是分裂活跃的细胞，这其中包括各种组织，但最主要的是造血组织。红细胞的主要制造器官是骨髓，它以每秒超过1000万的新细胞的输送速度不断为血液提供补充。白细胞形成于淋巴腺和一些骨髓细胞中，它的输送速度不稳定，但是速度也是相当惊人的。

与锶-90类似的放射性物质一样，某些化学品与骨髓病变关系紧密。作为杀虫剂的常用溶剂，苯会进入骨髓，在那里停留长达20个月的时间。多年以来，在医学文献中，苯作为导致白血病的一个病因榜上有名。

病变细胞在儿童快速生长的体内组织中找到了适宜的环境。麦克法兰·博纳特先生曾指出，白血病不光在世界范围内肆虐，还成了包括三四岁儿童在内的常见病，在这个年龄段里，其他类的疾病没有如此高的发病率。他说："只有一个解释能说得通为什么三四岁成为发病高峰阶段，那就是他们在出生的前后与诱变物质进行了接触。"

尿烷是另一种能够引发癌症的物质。怀孕的母鼠和其幼鼠在母体与尿烷接触后，双双都会患上肺癌。尿烷一定是侵入了母鼠的胎盘，这是因为实验用的幼鼠唯一与尿烷的接触是在出生前。正如休伯博士所警告的那样，若是人类与尿烷或相关化学品进行接触之后，其婴儿也会因为出生前的这种接触而产生肿瘤。

尿烷属于氨基甲酸酯类，跟除草剂IPC和CIPC有着类似的化学性质。虽然癌症专家对此做出了警告，但是氨基甲酸酯类仍在杀虫剂、除草剂、除菌剂、塑化剂、药品、衣物、绝缘材料等各种产品中被广泛应用。

通向癌症的路并不一定就是直接的。有些物质在一般的情况下是不会诱发癌症的，但是它也可能会破坏身体某部分的机能，使得恶性病变随之产生。生殖系统的癌症尤其典型，性激素失衡的话，很有可能会导致生殖系统的癌症；与此对应，肝脏因为某些因素，导致其无法保持性激素平衡能力，这是性激素失衡的很大诱因。而氯化烃类产品就有这种间接性导致癌症的效果，因为其能在某种程度上对肝脏造成损伤。

当然，性激素在体内是可以维持正常的水平的，并且它们在促进生殖器官的发育方面发挥了极大的作用。但是，有这么一种存在于人体之内的内在机制，肝脏可以维持雄性激素和雌性激素的平衡（在两性体内，都存在这两种激素，只是在数量上有所不同），这样可以避免其中一种激素过度累积。但是若是肝脏因为疾病或者化学物品而造成了损伤的话，又或者是复合维生素B不能充足供应的话，那么肝脏的这种作用就不能继续发挥了。雌性激素在此种情况下就会超出正常水平。

这样所带来的后果又是什么呢？最起码我们在动物实验中找到了大量的实验证据。洛克菲勒医学研究院的一名研究人员发现，由于疾病肝脏受损的兔子，其子宫肿瘤的发病率很高，这可能是因为肝脏在受损的情况下，不能有效控制血液之中的雌性激素，这些雌性激素因此"飙升到能够导致癌症的水平"。在小鼠、大鼠、豚鼠和猴子身上所做的多项试验表明，若是雌性激素长期占主导地位（不一定数量很多），是会引发生殖器官组织的变化，"从良性过度增殖到明显的恶性病变"。仓鼠也会因为雌性激素过量而患上肾肿瘤。

在医学界，虽然对这个问题还存在争议，但是大量的证据向我们表明，在人体的组织里，也会出现类似的作用。迈吉尔大学皇家维多利亚医院的研究人员在他们的研究中发现，150例子宫癌病例中，有三分之二的患者出现了雌性激素异常增高的情况。在其后对20个病例的研究中，研究人员发现百分之九十的患者的雌性激素处于过度活跃的状态。

肝脏可能已经遭受了损害，无法有效控制雌性激素的水平了，但是在现有的医学技术下，却无法检测出这一点。据我们所知，氯化烃很容易导致这种状况的出现，假如摄入小剂量的氯化烃，肝脏细胞就会产生变化，它还能引发复合维生素B的流失。复合维生素B的流失影响重大，因为有很多证据显示它能够起到抗癌作用。在斯隆凯特林癌症研究院原院长C.P.罗兹的研究中，他发现动物在摄入酵母之后，即便是暴露在强致癌物下，它们也不会患上癌症。酵母中存在数量众多的天然复合维生素B。口腔癌和消化道癌症可能会因维生素缺乏而被诱发。这种情况不仅存在于美国，瑞典和芬兰的北部地区的人们由于饮食中缺少维生素也有相似的情况。在营养不良的人群中，易发原发性肝癌，如非洲的班图部落。非洲部分地区男性乳腺癌的高发也与肝病和营养不良密切相关。战后的希腊地区，常见的男性乳房增大现象也是饥饿的伴生物。

简而言之，杀虫剂能够造成肝脏的损伤，并降低复合维生素B的供应，这样会导致体内的雌性激素增多，间接诱发癌症。除了天然的雌性激素之外，我们还会在化妆品、药品、食物以及相关行业中普遍接触到

越来越多的各种合成雌性激素。

我们无法控制人类与化学品（包括杀虫剂）的接触，这两者之间的接触形式是多样的。人类可以经由多种方式反复与同一种化学品进行接触。比如砷，在人类所生活的环境中，它以各种各样的形式出现：空气污染物、水污染物、食品药物残留、药品、化妆品、木材防腐剂以及油漆或墨水染料等。若是只跟其中一种进行接触的话，不会诱发病变，但是在多种化学品"安全剂量"的攻击下，剂量不断累积，其中任意一次单独接触都有可能超过人类的负荷。

当两种或两种以上不同的致癌物质一并起作用的时候，其效应还会累积在一起。例如，一个人若是接触了DDT，他难以避免地与其他能够损伤肝脏的化学品也进行了接触，比如广泛使用的溶剂、脱漆剂、脱脂剂、干洗液以及麻醉剂。这样一来，所谓的DDT的"安全剂量"该如何计量呢？

上面所说的情况会因为这样一个事实而变得更加错综复杂：一种化学品的特性可能会被另一种化学品所影响。有的时候，癌症要在两种化学品的共同作用下才能被诱发。其中的一种化学品使得细胞或组织的敏感度提升，之后在另一种化学品或催化剂的作用下，细胞产生了真正的病变。正因为这样，除草剂IPC和CIPC就在皮肤癌的发生中起到了带头作用。它们（可能只是普通的清洁剂）播下了导致病变的种子，等待着另外一种物质的到来。

进一步说，在物理和化学元素之间也存在相互作用。在白血病的发病过程中，可能会经历两个过程：由X射线引发，人体摄入的化学品（例如尿烷）起到了促进作用。在现代社会，人类在日常生活中所遭受的辐射越来越多，与各种化学品的接触也越发频繁，这是现代社会所要面对的一个严峻的新问题。

水源被放射性物质污染也是一个问题。这些放射性物质存在于水中，同时水中还存在大量其他化学物质，通过电离作用，它们改变了化学品的特性，让原子重排，这样就创造出了新的化学品。

清洁剂给公共水源所带来的污染问题让全美的水污染专家都颇为

担心，到目前为止，还没有能够将它们清除掉的方法。某些清洁剂会间接导致癌症，人在接触到它们之后，消化道的内壁会受到影响，其组织会被改变，危险的化学品会更容易被身体吸收，从而导致癌症的快速发生。但是对于这种作用，又有谁可以预料并对其进行控制呢？

我们要容忍各种各样的致癌物在我们的环境中存在，最近的一个发现就能说明这一点。1961年春天，肝癌在很多联邦、州和私人的孵化场里的大批虹鳟鱼中流行开来。美国东部和西部的鳟鱼都遭到了毒手，在某些地区，几乎所有超过3岁的鳟鱼都患上了肝癌。这种情况的发现还得益于国家癌症研究所环境癌症科与鱼类及野生动物管理局预先达成了检测鱼类肿瘤的协议，这个协议是为了尽早发现导致人们致癌的水污染。

虽然还在研究是什么导致了肝癌的爆发，但是这其中最具说服力的证据莫过于那些已加工的鱼类饲料中的某种成分。这些饲料中除了基本食物外，还加入了各种化学添加剂和药物。

鳟鱼的故事不管从哪个方面来讲都意义重大，但是它最重要的意义是向我们证明了强致癌物引发的后果是什么。在休伯博士看来，癌症的多发正是一个严重的警告，警告人类一定要对环境中的致癌物的数量与种类进行有效的控制。他说："若是不做好预防措施，那么人类自己也很快就会遭受类似的灾祸。"

我们的生活就如一个研究者所说的那样，是遨游在"充斥着致癌物的海洋里"，这样的形容难免让我们沮丧万分，倍感绝望。绝大多数的人对此做出的回应是："难道这种情况不是难以挽回的吗？根本就不可能清除掉致癌物质吧？我们别做徒劳无功的事情了，还是把研究力量放在如何找到更好的治疗方法上，这样不是更好吗？"

休伯博士对这个问题考虑再三，通过多年在这一领域的卓越工作以及自身的经验体会，他给出了颇让人尊敬的答案。在他看来，目前我们所要面对的癌症和19世纪末人类所经历的传染病有着高度相似性。巴斯德和科赫的卓越的研究工作阐明了病原生物与许多疾病之间的关系，不论是医务人员，还是普罗大众，都明白在人类的生存环境中，存在数量巨大的致病微生物，这就像当今致癌物质遍布我们周遭一样。现今，大多数的传染病已经处在合理的控制范围内，有一些已经完全被消除了。严密的预防手段与有效的治疗手段两者的结合造就了这样的胜利成果。这一成果尽管在门外汉眼中，是归功于"神奇药丸"和"灵丹妙药"的效用，但是能打胜这场战争，决定性的因素是病原体的清除。根据疾病出现的地点，伦敦的一名医生约翰·斯诺绘制了一张地图，他发现疾病都是在同一个地方发生的，那个地方的居民都从布罗德街上的抽水机中获取饮用水。斯诺博士按照预防医学的要求，立马将抽水机的把手拧掉了。疾病从这之后得到了控制，不是神奇的药丸把霍乱细菌杀灭了（当时还不清楚这一点），而是因为在环境中清除了微生物。对患者的治疗只是其中之一，在治疗中将病原铲除同样意义重大。现今肺结核不太常见，很大的原因是因为人们很少与结核杆菌进行接触。

当今的世界上充斥着众多的致癌因素，在休伯博士看来，将所有或者是绝大部分的精力投入癌症的治疗中（如果我们能找到治愈癌症的方法），这样的想法根本不现实。因为依旧有数量巨大的致癌物质没有被我们清除，这些致癌物质的致病速度远比无法估摸的"治疗"速度快。

为什么我们一直没有尝试用这种常识性的方法来治疗癌症呢？休伯博士说："被治愈的患者相比预防措施来讲更振奋人心，更富有成效。"但是，在癌症形成之前采取的预防措施"肯定是更人道的"，并且"效果必定比癌症治疗更好"。他从不相信诸如"要想预防癌症，只需在早餐前服用一粒药丸"之类的方法。这种方法的说服力是建立在对癌症的误解之上的，这种误解认为癌症是一种神秘的疾病，虽然神秘但是引发它的原因是单一的，所以我们使用单一的方法也能治好这一疾病。这当然和真实情况严重不符。就比如环境性的癌症是在多种化学和物理的因素的作用下引发的，能够诱发病变的条件多种多样，其生理表现特征各不相同。

即使有朝一日实现了我们所期待的"突破"，也不能指望它成为疗愈各种恶性疾病的灵丹妙药。为了减轻患者的痛苦，我们要坚持不懈地找寻能够治疗他们的方法，但是那种希望一下子就把问题给解决的想法只会伤害人类本身，这个过程需要慢慢来。当我们将经费用在研究领域，希望通过这样的方式找到疗愈方法，甚至当我们寻求治疗方法的时候，却对错失预防病症的宝贵机会视而不见。

我们对癌症并非是无能为力。与世纪之交所爆发的传染病相比较，从某些重要方面来看，前路还是光明的。就如现今致癌物遍布世界一样，那个时候细菌充斥着整个世界。但是病菌并不是经由人类之手释放到环境之中的，人类只是在无意间将疾病传播出去的。与之相反，现代环境中的大部分的致癌物，都是由人类自己释放出去的，只要他们有清除致癌物的意愿，就能将许多致癌物给清除掉。能够致癌的化学品通过两种途径在地球上横行：一种是人们所追求的更舒适、更便捷的生活，这简直是一个讽刺；另一种是这些化学品的生产和销售已经成为我们经济发展和生活方式中的一部分，人们对此广为接受。

想要在现代生活中把所有的致癌物都给清除出去是不现实的想法。但是致癌物中的大部分绝对不是生活中不可或缺的东西。如果我们把这些不是必需的东西抛在一边的话，那将会使得致癌物的总量大为减少，这样也会使人们罹患癌症的风险大大降低。现代社会中，有四分之一的人口有患上癌症的风险。对此，我们应当竭尽全力去杜绝致癌物继续污染我们的食物、水源和大气，因为我们与它们的接触虽然是微量的，但是年复一年不断累积着，这使得此种接触最为危险。

与休伯博士一样，很多癌症研究领域的著名专家也认为通过查明环境中致癌的诱因，将它们所产生的影响给清除掉或是减轻其危害，可以明显地降低恶性疾病发生的概率。而对于那些潜在和已经患上癌症的人来讲，亟待解决的是继续坚持不懈地寻找能够疗愈的方法。而对于那些没有患上癌症以及还没有出生的子孙后代来说，预防工作，已经迫在眉睫了。

第十五章 自然的反击

我们不惜任何代价，想要依照我们自己的愿望去改造自然，结果，我们未能如愿，这真是极大的讽刺。这就是我们现在所面临的实际情况。虽然我们很少说到这个，但是真相就是如此——大自然不会轻易举手投降，在对付化学攻击方面，昆虫已经找到了方法。

荷兰生物学家C.J.布雷约说："在自然界之中，最让人感到不可思议的就是昆虫世界的奇观。在这个世界里，一切皆有可能，那些似乎是不可能的事情常常会在这里出现。那些对昆虫的奥秘进行过深入研究的人，都会被自己所看到的情景震惊。他明白什么事情都可能会上演，有时候，即使是那些最不可能的事情也会出现。"

现在，这种"不可能的事"正在与昆虫相关的两个方面上演着。昆虫通过遗传选择，产生了抗药性。在下一章中我们会对这个问题进行讨论。有另一个广泛存在的问题需要我们留意，自然的防线被人类的化学战给削弱了，自然界中的这种防线维持着物种平衡。每一次当我们要去损坏这种自然机制的时候，大量的有害昆虫就会随之而来。

从世界各地的报告来看，我们正身处困境之中。十多年的化学控制战争之后，昆虫学家发现那些他们曾以为已经解决的问题卷土重来，并且有了新的动态，那些之前数量没有那么多的昆虫，现在却四处横行。化学控制由此看来是搬起石头砸了自己的脚，因为最初人们设计使用化学防控手段的时候，并没有将生物系统本身的复杂性列入考虑范围之内，人们盲目地使用这种方法。投入应用中的化学品只是用少数几种生物做过检测，这不能保证其适用于全部的生物。

在现今的一些地区，人们觉得自然界的平衡只存在于很早之前的简单的世界之中，而现在自然平衡早已破坏始尽，我们甚至都忘了它的存在。有些人赞同这种想法，但是若将这一想法作为行动的纲领，则是很危险的。今日的自然平衡不同于更新世时的自然平衡，但是这种平衡依然是存在的。我们不能忽视生物之间的错综复杂、精密无比却又高度统一的关系，若我们视而不见，这就像立在悬崖边上的人，蔑视地球引力的作用，最终他会被自然所惩罚。自然平衡是一种不断流动、变化、调整的状态，它不是恒定不变的。由于人类自身的活动，会引发自然平衡相应做出调整，这种调整有时对人类有利，有时又有害。

有两个关键的事实在现代社会昆虫防治计划的设计过程中被忽视了。第一个是，自然才是实施昆虫控制的真正有效的主体，而不是人类自己。而物种的数量是由昆虫学家称之为环境制约的力量所控制的，从生命开始出现就是如此了。食物的数量、天气和气候条件、竞争或猎食者的数量等，都属于其中非常重要的制约因素。昆虫学家罗伯特·梅特卡夫说："昆虫之所以没有在世界各处泛滥开来，是因为它们内部存在互相残杀的现象。"但是，现在所使用的大部分的化学品一律将昆虫杀死，无论它们是敌人还是朋友。

第二个被忽略的事实是，一旦环境受到的制约力被削弱之后，某个物种就会爆炸性地增殖。许多生物的繁殖能力远超我们的想象，即使我们能时不时地领略一番。还记得在学生时代，我将几滴原生动物的培养液加入装有水和干草的罐子里，就会出现这一奇迹：不过几天而已，罐子里就满是横冲直撞的小生命——数不清的草履虫，每一只都如微尘一样小，它们在温度适宜、食物充足、缺乏天敌的临时的天堂中肆意繁殖。我也曾经看到过海边的岩石上长满白色的藤壶，也看到过大群的水母绵延开来的景象：这些水母如鬼魅一般颤动，看不到边际，与海洋合为一体。

当鳕鱼在冬日由海洋游到产卵的地方时，大自然的控制作用就会展露在我们眼前。每只雌性鳕鱼能够产下数百万粒鱼卵，但是鳕鱼的数量不会疯狂增长。每一对鳕鱼所产的数百万粒鱼卵中，其中只有一小部分能够长大，代替父母成为成年鳕鱼，这就是自然制约作用的最好证明。

　　生物学家经常会有这样的假想，若是意外灾难降临，自然的制约作用失效，只有一种生物的后代得以存活，这会出现什么样的情景？托马斯·赫胥黎在一个世纪之前曾做出过这样的推测，一只雌蚜虫（具有不经过交配就能繁殖后代的神奇能力）在一年中所产生的蚜虫的后代的总重量与鼎盛时期中国总人口的总重量相当。

　　幸好这种极端情况只存在于理论中，但是致力于动物种群研究的人最能了解自然秩序被打乱所带来的可怕后果。牧民消灭土狼的热潮导致田鼠泛滥成灾，因为土狼是田鼠数量的控制者。亚利桑那州凯巴布高原的鹿的案例则是另外一个典型事例。在一段时期以来，鹿群的数量与环境之间达到了一种平衡。各种猎食动物（狼、美洲狮、土狼）对鹿群的数量进行控制。但是出于"保护"鹿群的目的，人们消灭了所有鹿群的天敌。在这些动物消失了之后，鹿群的数量大大增长，这一地区很快就没有足够的食物可供鹿群食用了。鹿群将处在比较低的位置的植物都给啃光了，于是它们费力去吃高处的树叶，比起之前被猎食动物猎杀而亡的数量，因饥饿而死的鹿的数量更多。除此之外，这一地区的生态环境也因鹿群的疯狂掠食而遭到了破坏。

　　凯巴布高原的狼和土狼的作用一样，田野和森林中的捕食性昆虫的作用也是这样。这些捕食性昆虫被杀灭，会导致被它们捕食的昆虫数量的攀升。

　　地球上究竟存在多少种类的昆虫，我们对此没有答案，因为很多昆虫的种类还没有得到确认，但是单是我们已知的昆虫种类就超过了70万。这个数字意味着，根据物种的数量来看，地球上的生物百分之七十到百分之八十是昆虫。大部分的昆虫不是靠人类的干涉，而是被自然的力量所制约。若不是这样的话，要想控制它们的数量，不知道需要多少种化学品，或者要设计出多少方法才行。

　　糟糕的地方在于，在自然的保护作用丧失之前，我们极少能意识到正是昆虫的天敌提供了这种保护。大多数的人对此视而不见，对自然的美丽和神奇之处，以及我们周围那些奇异、数量众多的生命漠然视之。人们对猎食性昆虫和寄生虫的活动也不甚了解，我们有可能在花园的灌木丛中看到过一种具有奇怪的外貌和凶猛的姿态的昆虫——螳螂，却对它以猎食其他昆虫为生这一点不甚了解。但是当我们在晚上的时候打开手电筒在花园里闲逛的时候，就能发现螳螂正在悄悄接近自己的猎物。我们会在这个时刻理解猎食动物和它们的猎物之间的关系，我们会因此感受到大自然在自我控制方面的那种强大的力量。

大自然中存在很多种类的猎食动物（猎食其他昆虫的昆虫），其中的一些昆虫有着敏捷的身手，它们可以如燕子一般在空中将猎物捕获；还有一些昆虫会缓慢地在树干上爬行，一边爬一边吞吃如蚜虫这样岿然不动的小昆虫。小黄蜂在捕获软体昆虫后，会将其肉汁喂给幼虫。泥蜂会在屋檐下建造圆柱状的蜂巢，并把捕猎的昆虫放在蜂巢内，供给幼蜂食用。沙黄蜂会飞舞在牛群上方，将使牛群深受其害的吸血蝇杀死。经常被人错认为蜜蜂的食蚜蝇，嗡嗡鸣叫着，在长了蚜虫的植物上产卵，这样一来，孵化出来的幼虫就能消灭大量蚜虫。瓢虫可以有效地消灭蚜虫、介壳虫以及其他食草昆虫。一只瓢虫产一次卵，就需要食用成百上千只蚜虫来积聚能量。

说到寄生昆虫，它们的习性更为奇特。它们不是直接将宿主杀死，而是通过各种各样适当的办法来利用宿主喂养自己的幼虫。它们会将卵产在猎物的幼虫或是卵里，这样当它们的幼虫发育的时候，就能直接以宿主为食了。有一些寄生虫会用黏液将自己的卵粘在毛虫的身上，在卵孵化的时候，它的幼虫就可以钻进宿主的皮肤里了。而另一些眼光长远的寄生虫会将自己的卵产在叶子上，那么前来觅食的毛虫会在无意间吞下这些寄生虫的卵。

猎食昆虫和寄生虫在田野间、花园里、灌木篱笆下、森林中辛勤地劳作着。几只蜻蜓在一个池塘的上空掠过，阳光照在它们的翅膀上，折射出如火焰般耀眼的光芒。它们的先祖曾经在生活着巨大爬行动物的沼泽中谋生。现今它们仍旧跟古时候一样，凭借着锐利的眼睛和篮子状的腿，在空中捕猎蚊子。蜻蜓蛹虫在水下捕食水生阶段的蚊子幼虫孑孓以及其他昆虫。

草蜻蛉拥有绿纱般的翅膀和金色的眼睛，既羞怯又隐秘，它在叶子上的时候几乎看不出来，它是二叠纪一种古老物种的后裔。草蜻蛉的成虫主要吃花蜜和蚜虫的蜜汁，它们会将卵产在一根长茎的根部，并且把卵与叶子固定在一起。它们奇特而带有毛刺的幼虫——蚜狮在这里诞生了。蚜狮靠捕食蚜虫、介壳虫或螨虫为生，当捕猎到这些小虫子后，它们会将其汁液吸干。在吐出白色的丝茧以度过蛹期之前，每一只草蜻蛉可以消灭掉几百只蚜虫。

还有很多黄蜂和蝇类，同样是以寄生的方式来消灭其他昆虫的卵和幼虫为生的。一些在卵中寄生的黄蜂个头很小，但是由于它们数量庞大、活动频繁，因而抑制了许多破坏庄稼的昆虫，使它们不能大量繁殖。

所有这些微小的生物都在工作着，无论白天黑夜，无论晴天雨天，甚至在冬日的严寒将其生命之火扑灭得只剩下一团灰烬之时，它们依然在不断工作着。即使在冬日，这种旺盛的生命力也还在暗中燃烧着，等待着春天将昆虫世界唤醒之时，再次燃烧生命的激情。与此同时，在毯子般的积雪之下，在冻得硬邦邦的土层下面，在树皮的缝隙之间，在隐蔽的洞穴里，寄生虫和捕食性昆虫都找到了安身之处，可以度过寒冷的冬天。

螳螂的卵被它们的妈妈安放于附着在灌木树枝的薄皮小袋里，它们妈妈的生命已经随着夏日的逝去而结束了。

雌性长脚黄蜂隐藏在被人遗忘的楼阁角落里，体内带有大量受精卵，这些受精卵承继着它的种群的整个未来。雌蜂作为唯一的幸存者生活在一个小小的、薄薄的巢中，春天的时候，它会将卵产在每一个巢室里，还要小心养育着一支小型工蜂队伍。在工蜂的帮助下，它会扩建蜂巢，发展自己的族群。在夏日炎热的日子里，这些工蜂会不停地觅食，吃掉无数的毛虫。

这样一来，由于这些昆虫的生活状况和我们自身需求，这些昆虫都成了我们的盟友，在维持自然平衡方面对我们大有裨益。然而，我们把大炮指向自己的朋友。一个最为可怕的危险就是，我们对它们牵制大量敌人的作用严重低估，若是没有了它们的帮助，这些敌人会危害我们。

　　杀虫剂的数量、种类以及毒性逐年增长，随之而来的是，环境抵抗能力的普遍性、永久性前景变得日益黯淡。随着时间的流逝，我们可预料的严重的虫灾会愈来愈严重，其中有些会传染疾病，有些会毁坏庄稼，其种类会大大超出我们所知的范围。

　　你可能会说："的确如此，但是这些不都是理论上的吗？反正无论如何，我此生都不会见到此种情形。"

　　但是它们正在发生，就是此时此刻。据科学刊物记载，在1958年就有50种昆虫涉及自然生态严重失衡的问题。每年都会发现新的例子。最近关于这个问题的一篇评论参考了215篇相关论文，这些论文都报告或者讨论了由杀虫剂引发的昆虫数量失衡的不利情况。

　　有时在喷洒杀虫药剂之后，会适得其反。例如，喷药后，安大略的黑蝇数量增加到原来的17倍之多。而在英格兰，喷洒了一种有机磷农药之后，白菜蚜虫的数量大爆发，这种暴涨在历史记录中绝无仅有。

　　在其他几次化学药剂喷洒中，虽然喷药能够有效控制目标昆虫，但是也将盛满害虫的潘多拉之盒打开了，以前从来不会招来麻烦的昆虫现在却肆虐成灾。例如，在DDT和其他杀虫剂将红叶螨的天敌杀灭之后，这种小动物就遍布世界了。它不是一种昆虫，而是一种小得几乎看不见的八脚生物，与蜘蛛、蝎子、扁虱属于一类。它的口器适合穿刺和吸吮。它们尤其喜爱吸食能使世界充满绿色的叶绿素。它们用尖细的口器刺入常青树的针叶的表皮细胞内，吸食叶绿素。若是树木和灌木感染了轻微的红叶螨，就会出现斑驳的杂色点点；若是被严重感染的话，那么植物的叶子就会变黄且脱落。

　　几年前，美国西部林区就发生过这样的事情。1956年，美国林业局在88.5万英亩的森林上喷洒了DDT。本来的目的是为了控制云杉蚜虫，但是到了来年夏天，出现了一个比云杉蚜虫更为严重的问题。工作人员从空中俯瞰的时候，发现大片的森林枯萎了，雄壮的花旗松正在变黄，针叶也开始脱落。在海伦娜国家森林，在大贝尔特山西坡，在蒙大拿州的其他地区，直至爱达荷州，所有的森林都好像被火烧过一般。很明显，1957年夏天出现了历史上范围最大、影响最严重的红叶螨感染。几乎所有喷过药的地方都受到了虫害的影响，但在其他地方受到的破坏不那么明显。在寻找先例时，护林员回想到之前几次的红叶螨灾害，尽管它们都不如这次那么令人印象深刻。1929年黄石公园麦迪逊河，20年之后的科罗拉多州，1956年的新墨西哥州，都出现类似的状况。每一次虫灾的爆发都发生在喷药之后（1929年那次喷药是在DDT被使用之前，当时使用的是砷酸铅）。

为什么红叶螨遇到杀虫剂会更为繁盛呢？除了红叶螨对杀虫剂不敏感这一明显的事实之外，似乎还有另外两个原因：红叶螨的数量是由各种捕食性昆虫共同制约的，比如瓢虫、瘦蚊、捕食性螨虫以及一些掠食性昆虫等，而这些昆虫都对杀虫剂异常敏感。第二个原因与红叶螨种群的内部压力有关。一个未受影响的红叶螨种群是一个密集地聚在一起的集团，它们紧紧挤在一个可以躲避敌人的保护带之下。当喷洒药物之后，它们就会分散开来，虽然没有被化学药剂杀死，但是受到刺激，它们要去寻找能够安身的适宜环境。这样一来，它们就能获得比之前要更为广阔的空间和更加充裕的食物。当所有的天敌都被杀灭之后，它们就不必花费力气去编织保护带了。于是，它们将全部的精力都用于繁殖。红叶螨的产卵量比原来增加了3倍，这是很不寻常的，所有这一切都是拜杀虫剂所赐。

弗吉尼亚州的雪伦多河谷是一个知名的苹果种植区，当DDT代替砷酸铅后，一种叫作红线卷叶虫的昆虫便泛滥成灾。它所产生的危害在过去从未如此严重过，并且很快还侵袭了百分之五十的农作物，不仅在本地是这样，在美国东部和中西部，随着DDT使用量的增加，红线卷叶虫变成了对苹果树危害最大的害虫。

这种情况饱含着讽刺的意味。20世纪40年代末，在新斯科舍省的果园中，苹果卷叶蛾（"苹果虫蛀"的原因）感染最严重的区域正是定期喷药的地方，而在未曾喷药的地方，苹果卷叶蛾数量不足以构成危害。

在苏丹东部，积极喷药却带来了难以令人满意的效果，那里的棉花种植户饱受DDT的危害。在盖斯三角洲的灌溉区，约有6万英亩的棉花。DDT的早期实验表明，它的杀虫效果很好，于是人们就增加了喷药次数。从那时起，麻烦就接踵而至。对棉花危害最大的是棉铃虫，但是，喷药越多，棉铃虫也就越多。在未喷药地区，棉籽和成熟的棉朵所遭受的损害相对较小。喷过两次药的地方，棉籽产量骤减。虽然一些食叶昆虫也被消灭了，但是由此得到的好处都被棉铃虫造成的损失抵消了。最终，棉花种植者不得不面对一个令人沮丧的事实：若是他们不给自己找麻烦，不去花钱喷药的话，那么棉花的收成可能会更好些。

在比属刚果[1]和乌干达，为了对付一种咖啡树害虫而大量施用DDT带来了几乎是"灾难性"的后果。害虫本身几乎毫发未损，但是害虫的天敌深受其害。

在美国，因为喷药扰乱了昆虫世界的动态平衡，虫害越发严重。近来的两次喷药就产生了这样的问题：一次是南方的火蚁根除计划，另一次是为了消灭中西部的日本甲虫（见第七章和第十章）。

1957年，路易斯安那州的农田在大规模使用了七氯后，导致甘蔗最凶恶的敌人——蔗螟的肆虐。在用七氯处理过农田之后，蔗螟所造成的危害急剧增长，因为针对火蚁的化学药剂将蔗螟的天敌杀死了。农作物遭受重创，农民试图起诉州政府没有对喷药可能带来的后果进行警告的疏漏。

伊利诺伊州的农民也得到了惨痛的教训。为了控制日本甲虫，伊利诺伊州东部的农田施用了大量的狄氏剂，随后农民却发现在喷过药的地方，玉米螟数量都大大增长了。事实上，这一地区具有破坏力的玉米螟幼虫几乎是其他地区的两倍。农民可能不了解其中的生物原理，但是不需要科学家做提醒，他们也知道自己做了一笔不划算的买卖。为了将一种昆虫消灭掉，他们招来了另一种更具破坏力的昆虫。据农业部估计，日本甲虫每年造成的损失大约为1000万美元，而玉米螟带来的损失大约是8500万美元。

---

[1] 比属刚果：在比利时统治下的刚果，是比利时1908年至1960年在今日刚果民主共和国的殖民地。

值得注意的是，人们过去一直依靠自然方法来控制这种害虫。1917年，这种昆虫偶然被带入美国，两年之后，美国政府就展开了大规模的计划来搜寻并引进玉米螟的寄生虫。从那时起，有24种玉米螟寄生虫从欧洲和东方各国陆续引进，花费不菲，其中，有5种寄生虫在控制玉米螟方面具有独特的价值。无须多言，所有这些努力都因为玉米螟的天敌被杀死了而化为泡影。

如果这些看起来不那么令人信服，那么请看看加利福尼亚州柑橘园的情况。19世纪80年代，那里推行过闻名世界的生物防治实验。1872年，加利福尼亚州出现了一种以柑橘树汁为食的介壳虫。这之后的25年间，介壳虫发展成一种如此有危害的害虫，以致很多果园遭受了惨重的损失。新兴的柑橘工业被毁灭的危险威胁着，很多农民放弃了，将果树连根拔起。之后，从澳大利亚引进了一种介壳虫的寄生虫——一种小巧的澳洲瓢虫。从首次将这种瓢虫引入美国算起的两年内，加利福尼亚州的柑橘种植区的介壳虫就被完全控制住了。从那时起，就算一个人在柑橘园中连续找上几天，也寻不到一只介壳虫的踪迹。

到了20世纪40年代，柑橘种植户们开始试用一些令人炫目的新型化学品来对付其他昆虫。随着DDT和其他毒性更强的化学品的出现，在加利福尼亚州的很多地区，瓢虫都消失不见了。当年政府在引进瓢虫这一项上只花了5000美元，瓢虫引进这项行动却给果农挽回了几百万美元的损失。但是由于一时疏忽，所得到的益处就马上一笔勾销了。介壳虫很快就卷土重来了，造成了50年不遇的大灾难。

"这可能标志着一个时代就此结束。"里弗赛德市柑橘实验中心的保罗·德巴赫博士说。现今控制介壳虫的工作变得极端复杂。只有通过反复放养和最为精心的喷药安排，才能最低限度地减少瓢虫与杀虫剂的接触，使得这种澳洲瓢虫存活下来。但是不论果农怎么做，它们或多或少都要受到附近农场主的支配，因为杀虫剂的飘散已经造成了严重的损失。

这些例子都是关于侵害农作物的昆虫的。那些能够传播疾病的昆虫又是怎样的？我们已经得到了很多警示。例如，南太平洋的尼珊岛曾在"二战"期间大量喷药，但是在战争结束之后，喷药也随之停止了。

很快，疟蚊又开始在这座岛屿上肆虐。所有能够捕食疟蚊的昆虫都已经被杀灭了，而新的种群还来不及形成，因此疟蚊数量的大爆发是显而易见的。马歇尔·莱尔德描述这场灾难时，把化学控制比作一台踏车——一旦我们踏上去，就会因为害怕后果而无法停止。

在一些地方，疾病可能会以一种与众不同的方式与喷药产生联系。由于某种原因，像蜗牛这样的软体动物似乎不太会受杀虫剂的影响。这一情况已经多次被观察到了。佛罗里达州东部盐沼在大量喷药之后，动物普遍死去，只有蜗牛幸免于难。当时的景象是一个可怖的画面——可能只有超现实主义的画笔才能绘出这样一幅场景。蜗牛在死鱼和濒死的螃蟹中间爬动着，吞食着死于毒雨之手的受害者。

但是为什么这一点很重要呢？它的重要性在于许多蜗牛是危险的寄生虫宿主。这些寄生虫一生中部分时间是在软体动物体内度过的，一部分时间是在人体中度过的。血吸虫就是其中一例，它们能够通过饮用水或者洗澡水侵入人体，引起严重的疾病。血吸虫正是靠其宿主蜗牛进入水中的。这种疾病在亚洲和非洲部分地区尤其普遍。在这些地方进行昆虫防治的时候，若是促进了蜗牛的繁殖的话，那么可能会导致严重后果。

当然了，人类不是蜗牛引发的疾病中唯一的受害者。生命中有一部分时间是在淡水蜗牛身上寄生的肝吸虫会导致牛、绵羊、山羊、梅花鹿、麋鹿、兔子以及其他温血动物患上肝病。那些被肝吸虫感染的动物肝脏不适合人类食用，否则会被严惩，美国的牧场主每年因此会损失350万美元。任何使蜗牛数量增加的行为都会使得这一问题更加严重。

在过去10年里，这些问题已经投射出了巨大的阴影，但是我们对它们的认识很是滞后。那些最适合研究自然控制并能将之付诸实践的人，却埋头于更刺激的对果园的化学控制中。据说，在1960年，全美只有百分之二的昆虫学家从事生物防治领域的工作，而剩下的百分之九十八多半在研究化学杀虫剂。

为什么会这样呢？一些主要的化学公司将资金投向大学，用于支持杀虫剂方面的研究。由此产生了诱人的研究生奖学金和研究职位。而生物防治从来都没有获得过如此多的捐助，原因显而易见，生物防治无法向任何人允诺可以带来如在化学工业中所获得的那种丰厚利润。这些研究都交给了州和联邦机构的职员，而这些地方付出的薪水要少得多。

这也就解释了为什么一些杰出的昆虫学家成了化学防治的主要倡导者。通过对这些人的背景进行调查发现，他们的整个研究项目都处于化学工业的资助之下。他们的专业声望，甚至他们的工作都是依赖化学方法的存续。难道我们还能奢望他们对自己的衣食父母反咬一口吗？但是在知晓了他们的偏见之后，我们还能对他们宣称的杀虫剂是无害的言论相信多少呢？

在化学品成为主要的昆虫防治方法的一片呼声中，少数昆虫学家提出了一些异议，因为他们没有忘记自己是生物学家，而不是化学家或者工程师。

英国的F.H.雅各布说："在所谓的经济昆虫学家的言行中，似乎小小的喷嘴就能解决一切问题……当诸如昆虫卷土重来、出现抗药性或者哺乳动物中毒等问题时，化学家就会准备好另一种药剂。但情况并非如此……最终只有生物学家才能给出虫害防治基本问题的答案。"

新斯科舍省的A.D.皮克特写道："经济昆虫学家必须明白，他们是在跟生物打交道……他们的工作不仅仅是简单的杀虫剂检测或者是寻找更具毒性的化学药剂。"皮克特博士本身是理性昆虫防治领域的先驱，这种方法充分利用了捕食性昆虫和寄生虫。他和同事们提出的方法现今已经成为一个光辉的典范，很少有人能望其项背。只有在加利福尼亚州一些昆虫学家提出的综合防治计划中，我们才发现在美国也有一些可以与之比拟的东西。

大约35年前，皮克特博士就在安纳波利斯谷的苹果园里开始了他的工作，那里是加拿大最为集中的水果产地。那时人们相信杀虫剂（当时是无机化学物）能够解决昆虫防治的难题，因此，唯一的任务就是劝导果农遵循各种推荐方法。但是美好的图景并没有实现，不知为何，昆虫生存了下来。人们添加了新的化学药剂，发明了更好的喷药设备，喷药的热情也越发高涨，但是昆虫的问题还是没有得到任何改善。随后又有人说DDT是苹果卷叶蛾的"噩梦的终结者"。实际上，DDT的使用引起了一场史无前例的螨虫灾害。皮克特博士说："我们只是从一场危机走向了另一场危机，用一个问题代替了另一个问题罢了。"

基于这种观点，皮克特博士和他的同事开辟了一条新路，而不是像其他昆虫学家一样继续走在寻找难以控制、更具毒性的化学品的老路上。他们意识到在自然界中还有一位强大的盟友，于是他们制订了一项尽量利用自然控制、最少使用杀虫剂的计划。在需要使用杀虫剂的时候，只用最小的剂量，使其刚好能控制害虫，又不会对益虫造成危害。适当的时机也被列入考虑范围内，比如，在苹果花变成粉红色之前使用硫酸烟碱，那么一种重要的捕食性昆虫就能幸免于难，因为那时它们还没有孵化出来。

皮克特博士在选择化学品方面十分谨慎，尽量减少对寄生虫和捕食性昆虫的伤害。他说："如果我们像过去使用无机化学药剂那样来使用DDT、对硫磷、氯丹和其他新型杀虫剂的话，那些热衷于生物防控的昆虫学家也会认输的。"他没有使用那些毒性更强、广谱的杀虫剂，而主要依靠鱼尼丁（取自一种热带植物的地下根茎）、硫酸烟碱和砷酸铅。在某些情况下也会少量使用DDT和马拉硫磷（每100加仑添加1至2盎司，而不是通常的每100加仑添加1至2磅）。虽然这两种杀虫剂在现代杀虫剂中是毒性最小的，但是皮克特博士仍旧希望通过进一步研究，找到更安全、更有针对性的物质来代替它们。

这项计划进行得如何呢？在新斯科舍省，遵循皮克特博士计划的果农和那些大喷药的果农相比，所生产的一等水果的比例不相上下。他们也获得了丰收。但是参与这项计划的果农的成本要小得多。新斯科舍省苹果园的农药成本仅是其他苹果种植区的百分之十到百分之二十。

比这些辉煌的成果更为重要的是，新斯科舍省的昆虫学家发明的改良计划不会破坏自然平衡。整个局势正在朝着10年前加拿大昆虫学家G.C.乌里耶特所预料到的那个哲学观点前进："我们必须改变我们自己的人生哲学，摒弃人类是优等物种的态度，并承认在多数情况下，我们可以从自然环境中找到的限制生物数量的方法，比起我们亲自动手更为经济划算。"

第十六章 雪崩的轰隆声

达尔文要是活到了今天的话，一定会对昆虫验证了适者生存这个理论的正确性而感到兴奋且吃惊。在如此密集的化学药剂的重压之下，昆虫种群中那些适应力比较弱的早已消失。当今，在很多地区，只有那些身强体壮、适应性极强的昆虫才能够在化学药剂的夹缝中存活下来。

近半个世纪之前，华盛顿州立大学的昆虫学教授A.L.梅兰德问了一个现在看来纯粹是修辞学的问题："昆虫会逐渐产生抗药性吗？"如果他不知道这个问题的答案或者是很晚才知道的话，那只是因为他问这个问题问得太早——早在1914年，而不是40年后。在DDT时代之前，那时使用无机化学药剂以现在的观点来看是谨慎适度的，但是这也造成很多种对药剂和药粉产生适应性的昆虫。梅兰德也遇到过梨圆蚧难题，多年来用石硫合剂控制这种昆虫的效果良好。可是后来，在华盛顿的克拉克森林地区，这种昆虫变得异常顽强，难以控制——和韦纳奇果园、雅基马山谷以及其他地区的同类昆虫相比，杀死它们的难度变得更大。

忽然之间，国内各地的介壳虫仿佛一下子醒悟过来了：在果农辛勤地喷洒大量药剂之后，它们并不一定要死去。在中西部地区，数千亩品质优良的果园彻底毁在了具有抗药性的昆虫手里。

在加利福尼亚州，用帆布把树罩起来，再用氢氰酸熏蒸这一历史悠久的方法也不起效了。加利福尼亚柑橘试验中心开始着手研究这个问题，这个研究开始于1915年，持续了25年。20世纪20年代，苹果卷叶蛾也获得了抗药性，尽管砷酸铅在过去的40多年里一直很好地控制着它们。

但是直到DDT和其同类的化学药品问世之后，才真正进入了抗药性的时代。这个凶险的问题在几年内就显现了，凡是对昆虫知识或是动物种群动态稍有了解的人都不会对此感到惊讶。但是，人们对于昆虫的抗药性的认识还是相当缓慢的。依现在看来，只有那些关注携带病毒的昆虫的人才能完全明白当时的紧迫事态；而大部分的农学家们还满怀期待，指望着新型的、具有更强毒性的化学药品的发明，而当时的困境正是由于这种似是而非的推理造成的。

与认知的缓慢过程相比，昆虫的抗药性却在迅速发展着。1945年之前，对前DDT时代的杀虫剂产生抗药性的昆虫大约只有12种。而随着新型的有机化学品以及大范围药品的喷洒，昆虫自身的抗药性迅速发展起来。到了1960年，已经发现了137种具有抗药性的昆虫。没有人会认为事情到此结束了。关于这一情况，目前已经发表了1000多篇技术论文。世界卫生组织在世界范围内召集了大约300名科学家，宣布"在对携带病菌的昆虫的防治工作中，所面临的最重要的问题是抗药性"。英国一位著名的动物种群专家查尔斯·埃尔顿博士说："我们已经听到了大雪崩即将到来的轰隆声。"

昆虫抗药性的发展有时候是如此迅猛，快到一种化学药品成功控制一种昆虫的报告的墨痕还未干，就不得不赶紧发布另一个修正报告。例如南非的牧场主被蓝扁虱所深深地困扰，仅仅在一个牧场中每年就有600头牛因蓝扁虱而死。蓝扁虱多年以来已经对砷剂产生了抗药性。之后又试用了BHC，它在短时间内收到了不错的效果。发布于1949年年初的一篇报告中宣称，蓝扁虱可以很容易被新的化学品控制，但是这一年晚一些的时候，又出现了蓝扁虱对新的化学品产生了抗药性的报告。这样的情况使得一位作家在1950年的《皮革贸易评论》杂志上写道："如果人们对这件事的重要性真的有所了解的话，那么有关的科学圈子的秘密传闻和国外媒体的点滴报道是完全有资格像原子弹那样登上头版头条的。"

昆虫的抗药性这一问题虽然是农林业所关注的，可同时也在公共卫生领域引发了严重的恐慌。各种昆虫和人类疾病之间的关系由来已久。疟蚊会把单细胞的疟疾病原体注入人体血液内。其他种类的蚊子有的会传播黄热病，有的会传播脑炎。家蝇虽然不叮人，但也会通过与人类的食物接触，使人类感染痢疾杆菌，而且在世界上的很多地区，家蝇还可以导致眼病的传播。疾病和带菌的昆虫的名单有：斑疹伤寒和虱子，鼠疫和鼠蚤，非洲睡眠病和采采蝇①，各种发烧症状和扁虱，等等。

这些都是必须要抓紧时间着手解决的重要问题。但凡是有责任心的人都不会对此放任不管的。目前最为迫切的问题是：若是这些方法会令情况每况愈下，依旧采用这些方法，这样做是否是明智而负责的。人们总是听到关于控制携带病菌的昆虫和战胜疾病的胜利之声，而对另外一个方面，即失败的一面却知之甚少。所取得的胜利只能维持很短暂的时间，这向我们证明了，昆虫会因我们所使用的方法而变得更加强悍。

更为糟糕的情况是，战争的手段可能已经被我们自己破坏了。受雇于世界卫生组织的加拿大著名昆虫学家A.W.布朗博士负责对抗药性问题进行全面的调查。在其1958年出版的专著中，他说："在公共健康计划中使用的药效强大的合成杀虫剂的时间不到10年，这个过程中出现的主要的技术问题是那些被治理过的昆虫对用来毒杀它们的杀虫剂产生了抗药性。"在这部专著出版的同时，世界卫生组织做出了这样的警告："目前针对昆虫传播诸如疟疾、斑疹伤寒、鼠疫疾病的主动积极的行动正在面临着严重的挫折，除非人们可以迅速解决这一新的问题。"

所受到的挫折的程度如何？目前，具有抗药性的物种已经包含了全部接受过药物治理的昆虫。黑蝇、沙蝇和采采蝇看起来似乎还没有产生抗药性。而家蝇和虱子所产生的抗药性已经遍及全球。对抗疟疾的计划也因蚊子的抗药性而遭遇了挫折。一个最为严重的问题是，鼠疫的主要传播者东方鼠蚤近期已经被证明对DDT产生了抗药性。在各大洲的国家和大部分的岛国，关于各种物种产生了抗药性的报告此起彼伏。

1943年，意大利第一次将现代杀虫剂投入使用。那时，盟军政府在人身上喷洒DDT，这种行动杀灭了斑疹伤寒。两年之后，各个国家为了控制疟蚊，又喷洒了残余的药剂。而短短一年之后，麻烦就接踵而至。家蝇和库蚊双双对药物产生了抗药性。人们在1948年试用了DDT的补充化学品，即氯丹。这一次，有效的控制效果只是维持了两年而已。

① 采采蝇：又称舌蝇，以人类、家畜及野生猎物的血为食。分布广泛，多栖于人类聚居地及撒哈拉以南某些地区的农业地带。

抗氯丹苍蝇在1950年8月被发现了；所有的家蝇和库蚊也都在同年年底产生了对氯丹的抗药性。昆虫的抗药性的发展速度和新型化学品的投入速度不相上下。

DDT、甲氧氯、氯丹、七氯和BHC等化学品在1951年年底完全失效了，而与之对比，苍蝇的数量却"多得惊人"。在20世纪40年代末，以上所发生过的事情在意大利撒丁岛上再次上演。1944年，丹麦第一次使用了DDT，而到了1947年，很多地方都宣告对苍蝇的控制完全失败了。而在埃及的某些地区，早在1948年，苍蝇身上就产生了抗药性；取代DDT的是BHC，但是BHC的效果也只是维持了不到一年而已。其中，埃及的一个村庄就是典型例子，用杀虫剂来防治苍蝇只在1950年的时候产生了良好的效果。这一年，婴儿的死亡率降低了将近百分之五十。但是这之后的第二年，这里的苍蝇就对DDT和氯丹产生了抗药性。它们的数量恢复到之前的水平，随之而来的是，婴儿的死亡率也提高了。

到了1948年，生活在美国田纳西河谷的苍蝇已经普遍对DDT产生了抗药性，其他的地区也未能幸免。人们之后尝试使用狄氏剂，但是毫无成效。因为在这些地区，仅仅过了两个月，这里的苍蝇就对这种化学品产生了极强的抗药性。氯化烃产品在广泛使用之后被证明效果乏力，防控部门又寄希望于有机磷，最终曾经发生过的抗药性故事再次发生。专家目前多得出的论断是："杀虫剂已经对家蝇的控制不起效了，所以，我们要回归到日常的卫生措施。"

DDT最早、最著名的战绩之一就是对意大利的那不勒斯的虱子的防控工作。在之后的几年，即1945至1946年的冬天，影响日本和韩国200万人的虱子问题被DDT成功控制了，使得DDT的战绩又多了几笔。鉴于发生在1948年的西班牙斑疹伤寒防治的失败案例，预示之后的工作将困难重重。虽然在实践中受挫，但是在实验室中所得到的良好效果使得昆虫学家相信虱子并不会产生抗药性。1950到1951年冬天，发生在韩国的事件着实让人们大吃一惊。一批韩国士兵在使用了DDT粉剂之后，虱子竟然变得更加猖獗了。将虱子收集起来做检测之后发现，百分之五浓度的DDT并不能提高虱子的自然死亡率。而从东京的流浪者、板桥区的贫民窟以及叙利亚、约旦、埃及东部的难民营收集来的虱子所做的检测，得出了相同的结论，DDT已经对虱子和斑疹伤寒的控制失去了效果。到了1957年，伊朗、土耳其、埃塞俄比亚、非洲西部、南非、秘鲁、智利、法国、南斯拉夫、阿富汗、乌干达、墨西哥、坦噶尼喀已经包含在扩散的名单之中了，曾经出现在意大利的辉煌成绩已然是过去式了。

希腊的帕氏按蚊是第一种对DDT产生抗药性的疟蚊。1946年起，大规模的喷洒药物所带来的效果很好；而到了1949年，人们观察到在喷洒过药物的房屋和牛棚里，不见蚊子的踪影，但是大量的成年蚊子聚在道路、桥梁下面。它们迅速地从自己生存的地方扩散到洞穴、外屋、阴沟以及橘子树的树叶和树干上。成年的蚊子很明显已经对DDT产生了足够的抗药性，它们从喷洒了药物的建筑物内逃逸出来，在野外休养生息。数月之后，人们会发现在家里喷洒过药物的墙壁上，蚊子再次现身。

但这只是巨大灾难的预兆而已。疟蚊对杀虫剂的抗药性发展迅速，这是旨在消除疟疾的彻底的房屋喷药计划所导致的。在1956年，只有5种疟蚊有抗药性；到了1960年年初，这一数字已经增加到了28种！这其中包括西非、中东、中美、印度尼西亚和东欧地区等地的危险疟蚊。

在能够传播其他疾病的蚊子中，也出现了同样的情况。一种热带蚊子身上带有一种寄生虫，能引起象皮肿等疾病，如今世界各地的此种蚊子都产生了抗药性。在美国一些地区，能够传播马脑炎的蚊子已经产生了抗药性。而更严重的问题发生在能传播黄热病的蚊子身上，几个世纪以来这种病一直都是世界上的大灾难。具有抗药性的黄热病蚊子在东南亚已经出现，而且在加勒比地区已经是普遍现象。

据世界很多地方的报告显示，抗药性引起了疟疾和其他疾病。1954年，特立尼达岛对蚊子的控制计划因为蚊子的抗药性而宣告失败，这导致了黄热病的大爆发。疟疾在印度尼西亚和伊朗再度活跃起来。在希腊、尼日利亚和利比里亚，蚊子依旧在传播疟原虫。在佐治亚州，腹泻病因苍蝇控制计划暂时得到了缓解，但是不到一年的时间，所获得的成果就烟消云散。在埃及，这项计划暂时降低了急性结膜炎的发病率，但是到了1950年，这种方法就无法奏效了。

佛罗里达州的盐沼蚊同样产生了抗药性，虽然这对人类的健康不会造成影响，但是从经济角度衡量，造成了不小的经济损失。盐沼蚊不会传播疾病，但是它们成群结队出来吸血，使得佛罗里达大片沿海地区变得不适于人类居住，直到实施了艰难短暂的控制之后才有所改观，但是这之后它们很快又复原了。

各处的普通家蚊也在产生抗药性，所以很多社区正在定期实行的大规模喷药计划应当暂时停息下来。现今，在意大利、以色列、日本、法国以及美国部分地区（如加利福尼亚州、俄亥俄州、新泽西州、马萨诸塞州等地），家蚊已经对杀虫剂产生了抗药性，其中包括应用最为广泛的DDT。

扁虱又是另一个问题。能够传播斑疹热的木虱现今已经产生了抗药性，褐色狗虱已经建立好了自身对化学品的防御措施。这对人类和狗都是一大难题。褐色狗虱是一种亚热带昆虫，它们从遥远的北方来，在新泽西州安家。冬天的时候，它们只能待在温暖的室内。1959年夏天，美国自然历史博物馆的约翰·C.帕里斯特博士报告说他的部门曾经接到过很多临近中央公园西边公寓的电话。"整间公寓时不时就会产生大量幼虱，而且很难将其清除掉。狗可能会在中央公园偶尔染上虱子，之后虱子就会在狗身上产卵，在公寓中孵化。它们好像对DDT、氯丹以及大部分现代喷剂都有免疫能力。虱子在过去的纽约市是很不常见的，现在纽约市、长岛、维斯切斯特直到康涅狄格州，随处都有虱子的踪迹。在过去的五六年时间内，我们对此种情况关注尤甚。"

在北美大部分地区，德国蟑螂对氯丹已经产生了抗药性。氯丹是过去灭虫者们最爱的武器，现在他们只好改用有机磷杀虫剂。然而，蟑螂又对这些药剂逐渐产生了抗药性，这样一来，灭虫专家真的不知该何去何从。

随着昆虫抗药性的增强，防治机构只得不断用一种杀虫剂来代替另一种杀虫剂。即使科学家能够凭借自身的聪明才智不断供应新的化学品，但是这不是长久之计。布朗博士指出，我们正行驶在一条"单行道"上。没人知道这条路究竟有多长。假如我们在还没有将带病昆虫控

制住之前就抵达了路的尽头，那我们的处境就真的很危险了。

农业害虫的情况也类似。最初，对非有机化学药剂有抗药性的昆虫大约有12种，而现今，又增加了多种昆虫，它们对DDT、BHC、林丹、毒杀芬、狄氏剂、艾氏剂以及人们曾寄予厚望的磷酸盐都产生了抗药性。在1960年，能够对农作物造成危害的昆虫中具有抗药性的一共有65种。

1951年，农业昆虫对DDT产生抗药性的首个案例出现在美国，大约是在首次使用DDT 6年之后。可能其中最为棘手的是苹果卷叶蛾，实际上，在世界各地的苹果产区，这种苹果卷叶蛾都已对DDT产生了抗药性。卷心菜害虫的抗药性又是一大问题，美国很多地区的马铃薯昆虫正在逃脱化学药物的控制。现今已有6种棉花昆虫，外加蓟马、果蛾、叶蝉、毛虫、螨虫、蚜虫、铁线虫以及其他昆虫，都对喷洒的农药视而不见了。

化工行业可能不愿意面对抗药性的事实，这也倒是能理解。甚至到了1959年，在已经有超过100种昆虫对化学药品产生了明显的抗药性的情况之下，一家农业化工领域的权威期刊还在问抗药性是"真实的还是臆想出来的"。即使化工行业闭目塞听，但是问题依然存在，而且还导致了惨重的经济损失。其中一个事实就是使用化学品的成本不断增加。提前储备大量化学品已不现实了——今天可能是效果最佳的杀虫剂，明天就可能会令人无比失望。用于支持和推广杀虫剂的大量资金可能会全部落空，因为昆虫再一次证明了人类使用暴力手段对自然来说是无效的。不管杀虫剂的研发和应用方法的更新速度能有多迅速，人们总能发现昆虫会先人一步……

达尔文本人也无法找到能比抗药性机制证明自然选择更为有力的例子了。在原始的种群里，每只昆虫的身体结构、行为、生理机制都不相同，在化学攻击之下，只有那些"顽强"的昆虫才能存活下来。喷药只会将弱者杀死。幸存下来的昆虫具备一种天生的特质，这种特质能够帮助它们抵御伤害。而这些昆虫的后代能够通过遗传获得这种"顽强"的特质。使用烈性化学品使问题变得更为糟糕，无可避免地产生了这样的后果。经过几代之后，昆虫就不再是强弱混杂，而是变成了身强体健、具有极强抗药性的种群。

昆虫抵御化学品侵害的方式多种多样，但是对于其中的机制，人们还不甚了解。据说有一种昆虫拥有能够抵御化学品侵袭的结构优势，但是这没有什么实质性的证据。根据大量的观察得出，有些昆虫的确具有免疫性，例如，布雷约博士在丹麦佛碧泉虫害防治研究所对苍蝇进行观察后说："它们在满屋的DDT中快乐游戏，就像远古时期的巫师在火红的炭火上跳舞一样。"

　　从世界其他地方也传来类似的报告。在马来西亚吉隆坡，一开始蚊子从喷洒了DDT的房间内逃逸。随着其抗药性的增强，可以发现它们在沉积的DDT表面停歇，用手电筒可以清楚地看到DDT的遗存。在中国台湾南部的一个军营里，具有抗药性的臭虫竟然能够带着DDT粉末爬来爬去。将这些臭虫包在浸染了DDT的布条里，它们还能存活一个月之久，而且还产了卵，孵出的幼虫竟然还能茁壮成长。

　　然而，抗药特性不一定依赖身体构造。抗DDT的苍蝇身体内含有一种酶，它可以帮助苍蝇将DDT转化为具有更低毒性的DDE。只有那些具有抗DDT遗传基因的苍蝇的身体内才具有这种酶，此种基因也会被遗传下去。至于苍蝇和其他昆虫是如何削弱有机磷化学品的毒性的，我们就不得而知了。

　　某些习性也会使得昆虫能够避免与化学品发生接触。很多工人发现，具有抗药性的苍蝇更倾向于停留在未喷药的平面上，而不是停留在喷洒过药物的墙上。它们习惯于在某个固定的地方停留，这样一来，就将接触药物残留的概率大大降低了。一些疟蚊的习性能够使其完全避免接触到DDT，这样就等于拥有了免疫性。一旦被喷药所刺激，它们就会从室内离开，逃到室外。

　　通常昆虫产生抗药性需要两到三年的时间，有时仅仅需要一个季节，甚至更短时间。在另一种极端情况下，也可能会耗费6年时间。一个昆虫种群一年内繁殖的后代数量也很重要，这取决于物种和气候等因素。比如相对于美国南部的苍蝇，加拿大苍蝇产生抗药性的速度就要慢一些，那是因为美国南部漫长、炎热的夏季为苍蝇的繁殖提供了有利条件。

　　人们有些时候会满怀希望地问这样一个问题："若是昆虫能产生抗

药性的话，那么人类自己呢？"从理论上来讲，这也是有可能的，但是这个过程可能需要成百上千年，因而对于生活在现在的人们来说，这解决不了什么问题。抗药性并不是产生于个体身上的特性。假如一个人天生就拥有对毒素的耐受能力的话，那么他就可能会生存下来，继而生儿育女。抗药性是一个群体历经多代才能形成的。人类繁衍的速度是每世纪三代，而昆虫的繁殖周期却是几天或是几周。

"比起失去战斗力，要付出长期的代价，在某些状况下，蒙受一些小的损失要更为明智。"这是布雷约博士在荷兰任植物保护局局长时所说的话，"明智的建议不是'尽可能多喷洒'，而是'喷洒得越少越好'……要尽力减少对害虫群体的压力。"

而让人感到遗憾的是，美国的农业部对此并不认同。在农业部1952年的《年鉴》里，对昆虫问题做了专门的讨论，对昆虫抗药性这一事实是承认的，但是他们认为"为了保证对昆虫的有效控制，要加大杀虫剂的使用剂量"。但是农业部没有告诉人们，若是能够使地球上的生物消失殆尽的化学品没有经过试用的话，将会发生什么。就在农业部提出建议的短短7年之后，也就是1959年，《农业和食品化学》杂志引用了康涅狄格州的一位昆虫学家说过的话：仅仅对一两种昆虫做了最后的实验，新的化学品就已经问世了。

布雷约博士说："再明显不过的是，我们正在迈上一条危险重重的道路……我们需要耗费大量的精力去研究其他的控制之法，这些方法不是化学控制，而是生物防治，在引导自然向我们想要的方向发展的过程中，我们要十分谨慎小心，而不是意图使用暴力……"

我们所需要的是更高层次的判断力和更为长远的眼光，但是多数研究人员的身上缺乏这种素质。生命是超越了我们理解的一个伟大的奇迹，甚至当我们要与之对抗的时候，也要心怀敬畏……使用诸如杀虫剂作为武器充分证明了我们知识匮乏，能力不足，要是知晓如何去引导自然的发展，那么完全不用诉诸武力，在这一点上，我们不能够对科学自大自负，而应当怀有谦卑谨慎的态度。

第十七章　另一条路

现今，我们正站在两条路的交叉口，与我们所熟知的罗伯特·弗罗斯特[①]著名诗歌里的两条道路不同，我们面临的是迥然不同的两条道路。长久以来，我们一直行进在一条具有欺骗性的"康庄大道"上，看似平坦而舒适，而灾祸却在前方的终点处等着我们。而另外一条"人迹罕至"的岔路，却给了我们保护地球的最后机会。

说到底，究竟选择哪条道路还是由我们自己决定。在历经了如此多的灾祸之后，我们终于获得了"知情的权利"，并且知晓了我们正在被愚蠢骇人的风险所席卷，我们就不应该再去相信那些让有毒的化学品占据我们世界的建议，而要四下里去找寻，去探求有没有其他的道路可供我们通行。

的确，我们在化学方式之外，还可以用多种多样的方式来控制昆虫。这些方法中，有些已经付诸实践，而且取得了显著的效果；还有些处于实验室的阶段；有些不过是想象力丰富的科学家头脑中的想法，还没有进入实验阶段。这些方法有着共同性：它们属于生物性的防治方法。生物学这一领域的专家学者都涉足其中，包括昆虫学家、病理学家、遗传学家、生理学家、生化学家以及生态学家。他们将自身的知识和创

这是我们赖以生存的地球，我们每个人都有义务去保护，保护的前提是要进行充分的了解，知晓怎样的方法才是实用可行的。

[①] 罗伯特·弗罗斯特（1874—1963）：20 世纪最受欢迎的美国诗人之一，被称为"美国文学中的桂冠诗人"。

造性的灵感都贡献给一门新科学，即生物防治学。

约翰·霍普金斯大学的生物学家卡尔·斯旺森教授说："每门科学都可看作一条河流，它的源头模糊不清，不会引人注意；水流有时平静缓和，有时迅猛湍急；有时干涸枯竭，有时水势高涨。而研究者的奋力工作，以及许多别的思想的加入，使得河流的水势逐渐迅猛起来；渐渐生出了新的概念理论，又使得这条河流不断被拓展和加深。"

生物防治学以现代的视角来看也是这样。为了消灭农业中的有害昆虫，一个世纪之前，第一次将这些害虫的天敌引入，但是这一行为给农民带来了烦恼，这应该算是生物防治在美国的模糊开端。生物防治学的发展有时很是迟缓，有时停滞不前，但是在时不时的成功案例之下，又能被突飞猛进地推进。从事应用昆虫领域的研究者在40年代[①]被各式各样的杀虫剂搞得眼花缭乱，最后他们弃用生物防治方法，转而走向了"化学控制"的道路，生物防治学从那时起开始进入了干涸枯竭的时期。但是这样一来，我们离免受害虫之扰的目标越来越远。现今，人们终于完全醒悟过来了，相对于昆虫而言，肆意地喷洒化学药剂给人类所带来的伤害更大。生物防治这样一条"河流"因而又重新开始流动起来，新的想法也不断地汇入其中。

这些新的方法中有一些非常有吸引力，其试图让昆虫自相残杀，也就是借昆虫自身的力量来毁灭它们的同类。这其中最让人惊叹的就是美国农业部昆虫研究所负责人爱德华·尼普林博士和他的同事共同研发的"雄蚊绝育"技术。

在反复的试错中，人类才有所醒悟，而不断发展的生物防治学带给我们新的启示。

---

① 这里应为 20 世纪 40 年代。

尼普林博士约在25年前就提出了一个令同事们感到万分震惊的颇为独特的防治方法。他指出，假如能把数量众多的已被绝育的雄性昆虫放出去，在某些特定的条件之下，它们和正常的野生雄性昆虫进行竞争，并能取得胜利。这种行为反复实施几次之后，那么雌性昆虫所排出的卵就无法进行正常孵化，这样一来，这一昆虫的族群就逐步消失了。

而官方人员对于这一想法无动于衷，某些科学家也对此很是怀疑，然而，这一想法在尼普林的心中扎下了根。在将之付诸真正的实验之前，有一个亟待解决的问题，即需要找到一种使昆虫绝育的可行性方法。就理论方面而言，人们早在1916年的时候就已经知道了X射线可以造成昆虫绝育，那时候，一位名叫G.A.朗纳的昆虫学家发现了有关烟草甲虫①绝育的现象。20世纪20年代，赫尔曼·缪勒用X射线引起突变的开创性研究开辟了一块新的领域，而到了20世纪中期，有很多研究人员在研究报告中提到了用X射线或γ射线使不下12种昆虫绝育的现象。

而这一切都只是停留在实验阶段，这与实际的应用之间还有很长的距离。尼普林博士在1950年前后开始了极为艰苦的努力，他想要用绝育技术来解决危害南部牲畜的一种病虫害——螺旋蝇②。它们会将卵产在温血动物的伤口上，其后孵化出来的幼虫会依靠宿主的肉体为生，一头成熟的公牛会在10天内因严重感染而亡。每年，美国的牲畜因为螺旋蝇的原因而造成的

正是这种坚定不移的科研精神，才为人类开辟了新道路。

---

① 烟草甲虫：身体呈卵圆形，长约3毫米，红黄色至红褐色。喜蛀食烟叶和茶叶，且易导致其霉变。

② 螺旋蝇：一种极具攻击性的食肉蝇，又叫新大陆螺旋蝇。它们专门在家畜的伤口上、鼻孔或耳朵里产卵，而后孵化出来的幼蝇蛆能造成家畜的死亡。

损失多达4000万美元，野生动物因之死亡的数量更是不可计数。生活在得克萨斯州某些地区的鹿群，其数量的锐减就是因为螺旋蝇。螺旋蝇原本生活在美洲中南部、墨西哥以及美国西南部，是一种热带、亚热带昆虫。它大约在1933年意外地闯入了佛罗里达州，佛罗里达州的气候使得它们可以挨过严冬，并迅速繁衍后代。它们甚至前进到了亚拉巴马州南部和佐治亚州，美国东南部的畜牧业损失很快就上升到了每年2000万美元。

对于螺旋蝇防治的种种成功案例带给人们新的希望，也给昆虫防治带来了新思路。

在过去的很长一段时间里，得克萨斯州农业部的科学家收集了大量有关螺旋蝇的生物特性的信息。1954年，在佛罗里达州的岛上进行了初步的野外实验后，尼普林博士准备把他的理论投诸大规模的实验之中。在荷兰政府的安排下，他去往距大陆有50英里之遥的位于加勒比地区的库拉索岛。

在佛罗里达州农业实验室培养出来的已经绝育的螺旋蝇自1954年8月起，就被空运至库拉索岛，并以每周400平方英里的速度投放。那些试验用的山羊身上的虫卵很快就减少了，同时螺旋蝇所产的卵的能育性也下降了。在投放了短短7周的时间之后，所有的卵都不能被孵化出来。在很短的时间内，就连一个卵团也无法寻得了，库拉索岛上的螺旋蝇被彻底消除了。

此次试验所带来的巨大的成功使得佛罗里达州的牲畜养殖者们大受鼓舞，他们希望借着这一方法来消灭当地的螺旋蝇。因为佛罗里达州的面积是库拉索岛的300倍，所以这一难度是相当大的。1957年，美国农业部和佛罗里达州政府共同为消灭螺旋蝇的计划提供资金支持。这一消灭计划包括：在一家特定的"苍蝇工厂"里每周生产5000万只螺旋蝇；用20架轻型飞机按预设的飞行路线每天飞行五六个小时，每架飞机上携带1000个装有200到400只绝育苍蝇纸盒。

1957到1958年的冬天异常寒冷，佛罗里达州北部气温极低，因而螺旋蝇种群被限制在狭小的区域内，这给消灭计划的实施提供了绝好的机会。一共耗时17个月，计划完成了，一共有35亿只人工培育且进行绝育的螺旋蝇被投放到佛罗里达州全境以及佐治亚州和亚拉巴马州的部分地区。1959年2月，最后一只受螺旋蝇感染的动物被发现。在这之后的几周里，又有几只成年螺旋蝇掉入人工陷阱里。这之后，就不再有螺旋蝇的踪迹了。东岸南部地区完全消灭螺旋蝇彰显了科学创新的价值，这其中，科学家缜密细心的基础研究、不屈不挠的意志和坚定不移的决心发挥了重要作用。

这些事例给人以鼓舞，在看了那么多的伤害后，我们才看到了温热的光。

密西西比州目前修筑了一个隔离网来防止螺旋蝇卷土重来。螺旋蝇在西南地区扎根很深，因为那里地域辽阔，除此之外，螺旋蝇还能从墨西哥再次入侵，所以消灭清除的难度很大。虽然如此，因为这一行为意义重大，所以农业部还是希望起码能把螺旋蝇的数量控制在比较低的水平，得克萨斯州以及西南其他受害地区很快就将实施此项计划……

在消灭螺旋蝇的战斗中所获取的巨大胜利，让人们对于用相同的方法来对抗其他昆虫这一想法生出了极大的兴趣。当然了，不是所有的昆虫都适合用此种方法，这项技术的适用性在很大程度上取决于昆虫本身的生活习性、种群的密度和其对辐射的反应这三个因素。英国正在进行诸多实验，试图用这一技术来对付罗德西亚的采采蝇。采采蝇肆虐于非洲三分之一的土地之上，对人类的健康构成了很大的威胁，而且威胁着450万平方英里草原上的畜牧业。它的习性和螺

科学准确地陈述事实，不盲目欢欣，不盲目夸大。

旋蝇完全不同，虽然它也会受辐射影响而造成绝育，但是在采用这一技术之前还需要去攻克一些技术上的难题。

英国对很多其他种类的昆虫对辐射的敏感性进行了测试。在夏威夷的实验室的测试中以及在遥远的罗塔岛上的野外实验中，美国科学家们也得出了一些关于瓜蝇以及东方的地中海果蝇的让人颇为欣喜的阶段性成果，他们同样也测试了玉米螟和蔗螟。这些对人类的影响比较大的昆虫很有可能都能通过绝育这一技术得到很好的控制。一位智利科学家指出，疟蚊在使用杀虫剂的条件下，仍然存在于智利的国土；投放绝育雄蚊，疟蚊才能受到致命性的打击。

用辐射来绝育面临很多困难，因而人们就去寻找其他的具有相似效果的办法。而今，不育剂被越来越多的人所关注。佛罗里达州的奥兰多农业实验室的科学家通过将化学药剂混入家蝇爱吃的食物中，使得实验室和野外的家蝇不育。1961年，在佛罗里达群岛的一座小岛上，在5周之内，一个苍蝇群落就被彻底消灭了。这之后，受到附近岛屿的苍蝇种群的影响，蝇群得到了复原，然而作为一次实验来看，这一举动是相当成功的。农业部会因这一想法而激动万分也就不难理解了。就我们目前所见，首先，家蝇已经无法被杀虫剂控制了。毋庸置疑，我们急切需要一个全新的方法去控制它们。说到用辐射来绝育这一方法，它不仅需要人工培养，而且投放的被绝育的雄蝇数量要远超野外雄蝇的数量。因为螺旋蝇的数量不是很多，所以可以进行投放。而和螺旋蝇相比，家蝇的情况完全不同，投放量会数倍增长，尽管这只是暂时的举措，人们也必定会反对这样做的。从另一方面来说，如果把不育的药剂放在给苍蝇的诱饵里面，把混入化学药

事实证明，生物防治比化学药品来得更有效，我们是有路可走的。

剂的诱饵放在自然环境之中，如果诱饵被苍蝇吃下去，就会造成绝育，再过一段时间之后，那些不育的苍蝇就会在数量上占据优势，渐渐地它们就会因为不育而灭绝。

检测绝育药剂的实验效果远比检测化学药剂要难得多。大约需要30天去评估一种化学药剂，当然，这期间可以同时进行多种实验。奥兰多实验室从1958年4月到1961年12月，对几百种化学药剂的绝育效果进行了筛选。

即使只是筛选出几种有价值的药剂，农业部也对此感到大为兴奋。目前，农业部的其他实验室也在研究这个问题——检测化学药剂在螫蝇、蚊子、棉籽象鼻虫以及各种果蝇身上的效果。这些项目目前还处于试验阶段，但是在开始后的几年时间内，就推进得非常迅猛。它在理论上具备很多吸引人的特性。尼普林博士指出："有效的绝育化学药剂能够轻易超越最好的杀虫剂。"试想一下，拥有100万数量的昆虫群落每过一代就增加5倍，假设杀虫剂能够杀死每一代昆虫中的百分之九十的话，那么过了三代之后，这一昆虫群落还剩下12.5万只。较之于杀虫剂，如果使用了能使百分之九十的昆虫不育的化学药剂的话，那么同样经过三代，只会剩下125只昆虫。

一些绝育剂从另一层面来看，属于强力化学品。而幸运之处在于，研究人员起码在最开始的时候是以谨慎的态度去选择安全的化学药剂，在使用上也十分留心。即便如此，还是有人提议通过空中作业来喷洒绝育药剂，例如，在舞毒蛾幼虫破坏的叶子上喷洒药剂。在没有事先对这种喷剂的危害进行彻底的研究之前，就做这样的尝试行为是极其不负责任的。如果我们不在心里时刻提醒自己有关绝育药剂的潜在危害

即使再难，人类的发展历程中，也需要这样不畏艰难的精神。

以做比较的方式呈现生物防治的优势，同时辅以数据，更有说服力。

研究者的态度让人敬佩，他们科学、谨慎地对待每一种看似有用的方法。每走一步都应思索它的连锁反应。

这些方法是否就真的万无一失？是否也存在我们还没预见的连锁反应？

性，那么我们要去面对的困境，远比杀虫剂本身所带来的问题更为糟糕。

目前处在测试之中的绝育药剂可以分为两大类，这两类绝育药剂在作用方式上都颇为有趣。第一类是与细胞的新陈代谢有关，它和细胞或组织所需的物质很相似，以致生物体会将之错误地认成真正的代谢物，进而将之纳入正常的生长过程之中，但是在某些细节问题上就会出现一些问题，这会使得生长过程停滞，这一类化学物质被称作抗代谢物。

第二类的物质主要作用于染色体，它们会影响基因的化学成分，从而导致染色体的断裂。这类绝育剂属于烷化剂，是一种反应强烈的化学物质，它可以使细胞受到破坏，导致染色体损伤，从而引发突变。伦敦切斯特比蒂研究院的皮特·亚历山大博士认为："所有那些能够使昆虫绝育的烷化剂，同样都可能是强力诱变剂和致癌物质。"亚历山大博士认为，假设在昆虫防治中，用这样一些化学物质，必定会遭到最为强烈的反对。因为我们希望在实验室中，不仅能找到这些化学药剂实际可用的地方，而且还能发现其他的更加安全的，更具有靶向性的化学药剂……

在当前的研究中，还有一些很有意思的研究项目，即利用昆虫本身的习性来研制出可以用来对付它们的武器。昆虫自身可以产生各种各样的毒液、引诱剂、驱避剂。这些物质的化学性质又是什么呢？我们可以把它们作为特定的杀虫剂来使用吗？康奈尔大学以及其他地方的科学家正在研究昆虫的防御机制和其分泌物的化学结构，想要找到这一问题的答案。还有一些科学家正在研究所谓的"保幼激素"，这是一种非常强有力的物质，能够保证幼虫生长到一定的阶段才能产生某些变化。

对昆虫分泌物最直观、最有用的探索结果可能是引诱剂的发明。这次还是自然为我们指明了方向。舞毒蛾就是一个极有意思的例子。其雌蛾因为身体过重而无法飞行，它们只能生活在地面或是接近于地面的地方。它们或是在低矮的植物间穿梭，或是在树干上爬行。与之相反，雄蛾却具有极强的飞行能力，其会被雌蛾身上的特殊的腺体中所释放出的某种气味所吸引，甚至不远万里前来。多年以前，科学家就利用这一属性，千辛万苦地从雌蛾体内提取这种引诱剂，之后在分布着昆虫的边缘地带，用这种引诱剂来调查昆虫的数量。然而这样的方法花费极大。虽然东北部地区的各州都有这种病虫害存在的迹象，但是没有数量足够多的雌舞毒蛾来提供引诱剂，因而不得不从欧洲进口人工收集的雌蛹，有时这种雌蛹的成本价格高达0.5美元。经过多年的努力，农业部的化学家近年来成功分离出了这种引诱剂，这确实是一个重大的突破。因为这一发现，科学家成功地用海狸油成分制成了合成材料，这种材料和天然生成的引诱剂的效果相同，可以成功骗过雄蛾。

每一个捕虫器具中仅仅要1微克（1/1000000克）就能产生效果。它的意义远超学术的范畴。因为这种全新的、经济的"引诱剂"不仅能够在昆虫调查工作中应用，还可以投入昆虫防治之中。人们如今正在对引诱剂的几种更加吸引人的潜在的用途进行研究。这种实验可以叫作心理战，从飞机上洒下混入了引诱剂的颗粒物质。这种行为的目的在于迷惑雄蛾，进而改变它的正常行为，使得它在这种具有诱惑力的气味中，无法寻得雌蛾。这种方法同样也被运用在诱使雄蛾与假的雌蛾交配的实验之中。在实验室里，只需要用引诱剂去浸染一些小东西，就能诱使雄蛾与木片、蛭石或其他无生命的小东西去交配。用这种方法去误导舞毒蛾的求偶交配是否能将这种昆虫的数量减少，还需要拭目以待，但是这是一种很有意思的可能性。

舞毒蛾的引诱剂是第一次人工合成的性引诱剂，其他的引诱剂极有可能很快就会被研究出来。科学家正在研究人工引诱剂，其可被用于众多的农业害虫。海森蝇和烟草天蛾的实验效果是其中最振奋人心的。人们正在试着将引诱剂和毒剂混合在一起，以此来对付某些昆虫。政府机构内的科学家研制出了一种叫作"甲基丁香酚"的引诱剂，这种引诱剂会使东方果蝇和瓜蝇意乱情迷。在距离日本南部450英里的小笠原群岛上，人们把这种引诱剂与一种毒素混合进行了实验。把这两种物质浸染纤维板细片，之后用飞机喷撒的方式来将这些纤维板细片撒到全岛上，用来捕杀雄蝇。这项"捕杀雄蝇"的计划开始于1960年。农业部在一年之后，估算出岛上的百分之九十九的飞蝇被消灭了。这一做法很明显比传统的杀虫剂要好得多。在这一过程中所使用的有机磷毒素只附着在纤维板上，不会被野生动物误食。除此之外，上面的残留物可以很快就消散掉，这样不会污染土壤和水源。

然而昆虫之间的交流并不是完全依靠着具有吸引力或者排斥感的气味来达到的。有几种雄蛾可以听到蝙蝠飞行时发出的超声波（就如雷达系统一样在夜间导航），这样可以避免被蝙蝠捕食。当听到寄生蝇拍动翅膀的声音后，一些锯蝇幼虫会挤成一团保护自己。从另一个方面来说，钻木昆虫振动翅膀的声音，也可以引导寄生虫找到它们；而雌蚊拍

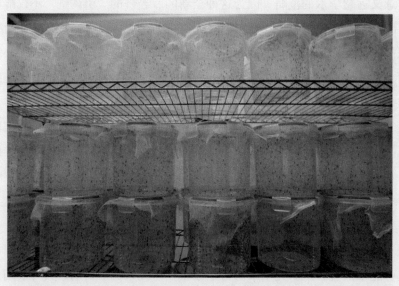

这是广州的一个蚊子工厂，这里每周生产出50万甚至上百万只"绝育"蚊子，被送往广州南沙沙仔岛释放。图为等待释放的一罐罐雄蚊。（《南方都市报》马强 摄）

打翅膀的声音，对于雄蚊而言，就仿佛是魅惑十足的情歌。

针对昆虫能够探测到声音以及对此所做的反应，我们能利用这点做些什么呢？虽然只是处于试验阶段，但是有趣的是，反复播放雌蚊拍打翅膀的声音，可以诱使雄蚊前来，雄蚊被引诱到一张电网上，丧命于此。在加拿大，人们正在试验，试图用超声波的趋避效应来对付玉米螟和糖蛾。两位研究动物声音的权威人物——夏威夷大学的休伯特·弗林斯教授和马博·弗林斯教授相信，只要方法正确，我们就能利用现有的昆虫接收和发出声音的知识来影响野外昆虫的行为。比起引诱的声音，趋避的声音似乎更有前景。他们研究发现，当八哥听到同伴惊恐的叫声的时候，会慌乱地四下逃窜，这两位教授因这一发现而声名斐然。可以将这一发现应用在昆虫方面。而在工业领域，对于那些实干家来说，这一发现可谓是实实在在，目前最起码已经有一家大型电子公司准备设立实验室进行试验了。

声音也可以作为一种手段来直接杀灭昆虫。实验槽所有的蚊子幼虫，可以被超声波直接杀死，但是同时，其他水生动物也会被其杀死。在另外一些实验中，存在于空气中的超声波可以在几秒钟就杀死绿头苍蝇、粉虱以及黄热病蚊子。上述这些实验只是我们向全新的防治昆虫的理念所迈出的第一步，有朝一日，神奇的电子学可能会把这一切都变成现实……

新的生物防治的方法并不只局限于电子学、γ射线和人类的其他发明。有一些方法早就存在，其中的原理是昆虫跟我们一样也会得病。就像古代的瘟疫一样，细菌感染能将整个昆虫种群毁灭；大批昆虫会在病毒的攻击下，患病并死去。早在亚里士多德时代之前，人们就知道昆虫也会患病；中世纪诗歌中就记载了桑蚕患病的事例。巴斯德就是基于对这一物种的所患疾病的研究，在人类历史上首次发现了传染病的原理。

昆虫所遇到的侵袭不仅包括病毒和细菌，还有真菌、原生动物、微型蠕虫以及其他有益的微小生物。微生物不单单只是病原体，它们其中有些还可以用来清除废物，让土壤更肥沃，并且可以进入无数的生物代谢过程之中，比如发酵和硝化作用等。我们为什么不利用它们帮助我们去控制昆虫呢？

19世纪的动物学家艾利·梅契尼科夫是首个想到利用微生物的人。在19世纪最后10年和20世纪上半叶，微生物防治的理念逐渐形成。20世纪30年代末，利用由芽孢杆菌引起的乳白病治理日本甲虫，向我们证明了可以在其环境中引入一种疾病来控制甲虫。我在第七章已经提过，这一经典案例在美国东部有着悠久的历史。

人们现今对苏云金杆菌的实验也抱有极大的期望。1911年，在德国图林根省，人们发现这种细菌会导致面粉蛾幼虫患上致命的白血病。这种细菌极强的杀伤力凭借的不是疾病本身，而是源自其毒性。在其植物性枝芽中，随芽孢一起，生成了一种由蛋白质构成的特殊晶体物质，对于某些昆虫，尤其像蛾一样的鳞翅类昆虫，这种蛋白质含有极大的毒性，如果其幼虫进食了这种含有毒素的叶片，会出现麻痹、停止进食的症状，之后很快就会死去。从实际应用方面来看，无法进食对于农业来说很是有利，因为只要把这种病菌散播出去，那么昆虫对庄稼的破坏就会马上停止。美国的一些公司目前正在生产不同商标的苏云金杆菌芽孢化合物。还有一些国家正在进行野外测试：其中法国和德国用其来对付菜粉蝶的幼虫，南斯拉夫用其来检测美国白蛾，苏联用其来测试天幕毛虫。而在巴拿马地区，此种试验开始于1961年，这种细菌类的杀虫剂很可能被用作解决本地香蕉种植者所面临的严重问题。当地的香蕉穿孔线虫会破坏香蕉树的树根，使得香蕉树很容易就被风吹倒，这对香蕉树来说，是很严重的情况。狄氏剂一度是唯一一种能够对抗香蕉穿孔线虫的化学药物，然而现在，它带来了一连串的灾祸。香蕉穿孔线虫对狄氏剂产生了抗药性。而另外一些重要的捕食性昆虫也被狄氏剂给毒死了，由此引发了卷叶蛾数量的不断增加，这是一种短小精悍的昆虫，它的幼虫会破坏香蕉的表层。我们有理由相信这种新型的细菌杀虫剂能够消灭卷叶蛾和香蕉穿孔线虫，同时还能维持自然的平衡状态。

而这种细菌杀虫剂在加拿大地区和美国东部的林区，很可能会变成对抗蚜虫和舞毒蛾等森林害虫的利器。两国在1960年，都用苏云金杆菌的商业药剂进行了实地试验，最初所取得的结果就颇为振奋人心。比如在佛蒙特州，用细菌来做防治的效果与DDT不相上下。目前所面临的主要的问题是如何寻得一种溶剂，这种溶剂可以把芽孢粘在常绿树木的针叶上。而这对庄稼来说不成问题，因为可以给它们施用药粉。尤其是在加利福尼亚地区，人们已经做了将细菌杀虫剂用于各种蔬菜上的实验。

同时，还有另一个不那么引人注目的研究是围绕着病毒开展的。在加利福尼亚地区，将某种物质喷洒到苜蓿苗上，这种物质能够杀死苜蓿毛虫，效果跟杀虫剂一样。所用的这种溶液中，有一种取自毛虫尸体的病毒，而此种病毒正是毛虫感染死亡的原因。要治理1英亩的苜蓿地，只需要5条感染病毒死亡的毛虫就足够了。而在加拿大的林区，某种病毒可以非常行之有效地控制松树锯蝇，它完全取代了之前的杀虫剂。

捷克斯洛伐克的科学家正在试验用原生生物对付结网毛虫及其他害虫。而在美国，人们发现一种原生生物寄生虫可以降低玉米螟产卵的能力。说到细菌杀虫剂，或许有人想到会给其他生物带来威胁的细菌战。但是实际情况不是这样的，昆虫病原体不像是化学制品，它们只有在面对昆虫的时候才会发挥其作用。在昆虫病理学颇有权威的爱德华·斯坦豪斯博士强调："无论是在实验中，还是在自然界里，都没有昆虫病原体导致脊椎动物患病的确凿的先例。"

昆虫病原体有很强的针对性，它只会对某几种昆虫造成影响，有些时候这种影响只针对一种昆虫。从生物学的角度来讲，这些昆虫病原体并不会引发高等动植物患病。斯坦豪斯博士还指出，自然界中的昆虫自身的疾病只会对某些特定的昆虫种类造成影响，而不会对宿主植物和捕食性的动物造成威胁。

昆虫天敌众多，不仅包括各种微生物，还有其他种类的昆虫。大约在1800年，达尔文就第一次提出了可以通过增加昆虫的天敌来控制某些昆虫的想法。这种方式可能是最早的生物防治的措施，人们因而普遍地认为这是唯一一种可以用来替代化学制品的方式。而美国最早的传统意义上的生物防治开始于1888年，艾伯特·科贝利作为昆虫开拓者中的先驱远赴澳大利亚寻找吹绵蚧的天敌，这种昆虫给加利福尼亚州的柑橘产业造成了极大的威胁。正如我们在文中第十五章中说到的那样，此项计划颇为成功，在之后的一个世纪里，美国在世界范围内开始去找寻能够用来抑制某些贸然闯入的昆虫的天敌。共有100种被从外部引入的捕食性昆虫和寄生虫在美国生存了下来。从科贝利引进的澳洲瓢虫取得了不错的效果，其他的昆虫的引进也反映良好。从日本引入的一种黄蜂彻底抑制了对东部地区果园造成威胁的某种昆虫。还有一些从中东被意外引入的斑点苜蓿蚜虫的天敌成了加利福尼亚州的苜蓿产业的救世主。与细腰黄蜂对日本甲虫的控制一样，针对舞毒蛾的寄生虫和捕食性的昆虫的控制效果也相当不错。对介壳虫和粉蚧的生物防治根据估算每年可以为加利福尼亚州挽回数百万美元的损失。加利福尼亚州的一位颇有声望的昆虫学家保罗·德巴赫估算，在加利福尼亚州每投入400万美元用于生物防治，其所产生的效益可达1亿美元。

在世界范围内，大约有40个国家用此种方法成功地控制了害虫。与化学品相比，生物防治优势明显：成本低，能实现永久控制，没有任何的残留。可是生物防治所得到的支持寥寥无几。加利福尼亚州是仅有的拥有正式的生物防治计划的州，相较之下，许多州甚至连一个热衷于此的昆虫学家都没有。可能在科学上，利用昆虫的天敌来进行生物防治，这一方式还不够严密。在这一过程中，没有对被捕食昆虫的种群所受的影响做细致的研究，在投放昆虫天敌的数量上也不够精确，而投放数量的精确性有着决定成败的作用。

捕食性昆虫和被捕食的昆虫处于同一个生态系统中，它们之间并不是简单的映射关系，所以要把所有的因素都考虑在内。在林区，传统的生物防治方法可能最为适用。但是现代农业是高度人工化的，它与大自然的性质截然不同。可森林就不一样了，它与自然环境更为接近。在大森林中，人们只需要给出一点点的帮助，大自然本身就可以自由发挥，从而建立起神奇而精妙的制衡系统，这一系统可以使昆虫不会被过度侵害。

美国的林业人员似乎只能想到引进寄生虫和捕食性昆虫的生物防

治方法。而加拿大人则有着更为宽广的思路，欧洲人最为领先，他们把"森林养护学"发挥得淋漓尽致。在欧洲的林业人员看来，鸟类、蚂蚁、森林蜘蛛以及土壤中的细菌和森林中的树木一样，都是其组成部分。当他们在一片新的森林做防治工作的时候，会将这些保护性因素考虑在内。首先要做的是帮助鸟类生存下去。在森林集约化管理的当今时代，老的空心树已然消失无踪，因而啄木鸟和其他依靠树木生存的鸟类就流离失所。这一问题可以通过用巢箱来解决，这样就可以吸引鸟儿返回森林。还有特意为猫头鹰和蝙蝠设计的巢箱。这样一来，它们就能接替白天"工作"的鸟儿的班，在夜间继续去捕食昆虫。

但是这所有的一切都只是开端而已。欧洲的林区中有一些匠心独运的控制设计，它们利用森林红蚁作为捕食性的昆虫——但是可惜的是，北美地区没有这种蚂蚁的分布。大约在25年前，维尔茨堡大学的教授卡尔·格斯瓦尔德就发现了如何培育蚂蚁的方法。联邦德国的90个测试点在其指导之下，培育发展起了1万多个红蚁群。意大利以及其他国家也采用了格斯瓦尔德教授的方法，他们纷纷建立起蚂蚁农场，可供林区投放蚂蚁。例如在亚平宁山脉，人们已经建立起数百个蚂蚁群落，可以用其来保护新的人造林区。

德国莫恩市的林务官海因茨·鲁佩兹舍芬博士说："如果在森林中，有鸟类和蚂蚁保护着森林，还有蝙蝠和猫头鹰，那么这就表明生态平衡已然被很明显地改善了。"在他看来，各种各样的"天然伙伴"要比在森林中引进单一的捕食性昆虫或寄生虫更为高效。

铁丝网被用来保护莫恩市林区新发展的蚁群，借此来避免啄木鸟啄食它们。在某些推行这种实验的地区，啄木鸟的数量在过去10年至少增长了百分之四百，这种举措可以使蚁群免遭严重的危害，还可以让啄木鸟去啄食森林里的毛毛虫。当地学校的10至14岁的孩子们承担了大部分照料蚁群和巢箱的工作。这样的做法花费非常低廉，但是对森林起到了永久性的保护。

在鲁佩兹舍芬博士的工作中，另一个有意思的特点就是对于蜘蛛的利用，他在这方面可谓是先行者。虽然关于蜘蛛的分类和自然史方面存在大量的文献，但是它们都是零散残缺的，完全没有涉及蜘蛛在生物防治方面的价值。在已知的2.2万种蜘蛛中，有760种生活在德国（约有2000种生长于美国）。有29个蜘蛛种族栖息在德国的森林之中。

在林务人员看来，关于蜘蛛最重要的特点就是它所织就的网。轮网蛛最为重要，因为它们所织就的网细密到可以捕捉所有飞行的昆虫。十字蛛的一张大网上（直径为16英寸）约有12万个黏性网结。在一只蜘蛛18个月的生命之中，可以消灭掉2000只昆虫。在一个生态健康的森林之中，每平方米（略大于1平方英尺）有50到150只蜘蛛。假如不足这个数目，可以通过收集和投放卵囊来做弥补。鲁佩兹舍芬博士说："3只横纹金蛛（美国也有）的卵囊可以孵化1000只蜘蛛，它们一共可以捕食20万只昆虫。"春日里出现的轮网蛛的纤小的幼虫特别重要，"由于它们在树枝的顶端吐丝织网，这样可以保护嫩芽不受侵害"。随着蜘蛛不断蜕皮长大，它们的网也随之变大。

加拿大的科学家也采取了类似的调查路线，虽然北美的森林大多不是人工种植而是天然形成的，且能够使森林维系健康的物种也不一样。加拿大人对小型哺乳动物更为重视，它们在昆虫防治方面作用很大，特别是那些生活在森林底部松软土层里面的昆虫。在这些昆虫之中，有一种叫作锯蝇的昆虫，人们之所以这么称呼它，是因为雌性锯蝇长着一个锯齿状的产卵管，它会用这个产卵管割开常青树木的针叶，之后把自己的卵注入针叶内。幼虫在孵化之后，最终会落在腐殖土上或者云杉和松树下的土层上，结成蝇茧。在森林的地面之下满是小型动物开拓的各种隧道，这些隧道形成了蜂巢状的世界，这些小型动物包括白足鼠、鼹鼠以及各种鼩鼱。贪嘴的鼩鼱总能找到并吃掉最多的锯蝇茧。它们在吃茧的时候，会把前足放在茧上，从茧的底部开始吃，它们能够精准地判断虫茧是空的还是实的。它们的胃口大极了，一只鼹鼠一天可以吃掉200只蝇茧，而一只鼩鼱能够吃下800只！从实验的结果来看，这会使百分之七十五至百分之九十八的蝇茧被消灭。

说到纽芬兰岛上由于没有鼩鼱而深受锯蝇之害，这就不足为奇了，他们对这种能够发挥巨大作用的小动物满怀期盼。因而在1958年，他们尝试引进了最有效的锯蝇捕食者——假面锕鲭。加拿大官方在1962年宣布，这一举措很是成功。假面锕鲭在岛上繁殖起来，并迅速扩散。在距离投放点10英里的地方，有人发现了一些带有标记的锕鲭。

维护和加强森林的自然生态系统的各种武器已经准备停当，可供林业人员使用。用化学方式来做防治只是权宜之计，并不能真正解决问题，这样做却将河里的鱼儿给杀死了，毒害了昆虫，破坏了自然生态，也影响了生物控制的进行。鲁佩兹舍芬博士说："森林中相互依存的关系被打破了，寄生虫灾害反复出现的间隔也越来越短……因而，我们必须停止对至关重要也可能是最后一块自然的生存之地的操控。"

我们要和其他的生物一同享有这个地球，这些全新而富于想象力和创造力的方法可以用来解决这个问题。这些方法指明了一个需要被不断提及的主题——我们应以什么态度对待其他生命，它们的生物种群，压力与反压力，以及它们的兴盛衰落。只有我们对生命的力量认真考量，而且抱着谨慎的态度去引导人类向着有利的方向发展，我们和昆虫之间才能和谐共生。

而当今毒剂的肆意滥用完全没有考虑这些基本的因素。就像远古的穴居人舞动着大棒，化学品如子弹一样投射到生命组织上。从一方面来看，生命极为脆弱，想要破坏它很容易，但是从另一面来看，生命的韧性和恢复力又很惊人，可以用出乎意料的方式来反击。化学防治人员在做事的时候没有什么"高尚的目标"，对于强大的自然之力也不抱什么虔敬之心，他们对生命的非凡之处视而不见。

"控制自然"只是人类自以为是的写照，产生于生物学和哲学的低级阶段。那时的人类觉得自然只是为人类提供方便的。应用昆虫学的观念和做法大都可以追溯到石器时代，这样原始的科学却搭配上了最先进可怕的武器，我们应当警醒，与昆虫的斗争同时也在将地球本身毁灭，这真是我们的巨大不幸。

阅读规划进度及自我测评

01 计划阅读时间

02 实际阅读时间

03 完成度（%）

04 阅读兴趣

感兴趣□　　一般□　　没兴趣□
原因：
问题：

05 回忆一下阅读的章节，写下每章的主要内容

第十二章：
第十三章：
第十四章：
第十五章：
第十六章：
第十七章：

06 阅读已经接近尾声，你是否对本书的文体特点有了一定的感悟呢？根据范例，对自己做一个检测

文体特点

科学性	引用资料	例：第二章中提到单一作物的耕种不符合自然规律，举了美国街道种植榆树、甲虫肆虐的例子。
	精准数据	例：第二章中提到美国农业生产过剩，准确地列出每年的存储费用高达 10 亿美元，很有说服力。
文学性	善于描写	例：第一章第一段中，对美国小镇的描写。
	运用修辞	例：第二章中提到"人们甚至认不出他们自己所创造出来的魔鬼"，将不断转移后的化学药品比作魔鬼。
通俗性	深入浅出	例：第二章中用浅显易懂的文字，简述了"锶-90"的转移过程。

07 回忆一下章节内容，看能否回答出以下问题

① 第十二章中简述了化学药品可能带来的哪些后果？

② 第十三章中提到哪些手段会影响我们的遗传基因？

③ 对于第十四章的标题《四分之一的概率》你是怎样理解的？

④ 简要归纳第十五章中自然平衡一旦被打破，会出现哪些现象。

⑤ "雪崩的轰隆声"在文中指的是什么？它为何如此恐怖？

⑥ 最后一章里，作者为我们提示了哪些可行的治理道路？

08 摘抄，积累

把你认为好的语句或段落摘抄下来，积累更多的语言素材吧！可以分类整理，如人物描写类、警句名言类、环境描写类等，或根据你的标准设置更多类别，并简单写出你喜欢的理由。

资料链接

作者简介
ZUOZHE JIANJIE

蕾切尔·卡森

　　蕾切尔·卡森（Rachel Carson，1907—1964），美国海洋生物学家。1929年毕业于宾夕法尼亚女子学院，三年后获得霍普金斯大学的动物学硕士学位。1941年第一部关于海洋生物的著作《海风的下面》出版，尔后《我们周围的海洋》《海洋的边缘》相继出版。20世纪40年代，许多国家开始大量使用DDT消除虫害，在这样的大背景下，蕾切尔·卡森着力于以DDT为代表的化学药剂的研究，并完成相关著作《寂静的春天》。1964年4月14日，年仅56岁的蕾切尔·卡森因乳腺癌病逝。《寂静的春天》唤起了人们保护环境的意识，被推选为"50年以来全球最具影响的著作"之一，书中既体现了严谨求实的科学精神，又饱含了敬畏自然、敬畏生命的人文情怀。

名家评赏
MINGJIAPINGSHANG

《寂静的春天》引起的争议比达尔文的《物种起源》更大。

——阿尔·戈尔（诺贝尔和平奖获得者、美国前副总统）

因为做新闻的人，多多少少都知道《寂静的春天》，这本书被认为是本世纪一百篇最佳新闻作品之一，在上个世纪60年代，引发了美国甚至全世界的环境运动。我国停用DDT，也可以说源头来自这儿。

——柴静（中国著名记者、主持人）

在出版25年过后，《寂静的春天》依然不止具有历史意义。这样的书，在所谓的两种文化的鸿沟上架起了桥梁。蕾切尔·卡森是一位现实的、受到过良好训练的科学家，并且具有一位诗人的洞察力和敏感。

——保罗·布鲁克斯（美国著名评论家）

一封信，一本书，一场运动
——蕾切尔·卡森诞生一百周年

余凤高（中国作家协会会员、浙江省社会科学院文学研究所研究员）

与一次战争、一场疾风暴雨般的政治运动甚至一次骚乱相比，书籍一般都难以产生那么大的作用。但是有时候，一本书的确能掀起一场运动，引起社会的改革，甚至是重大的改革。在美国历史上，出生在英国的美国政论家托马斯·潘恩的一本只有50页的小册子《常识》，于1776年1月出版后，几个月里即销售50万册，在独立战争初期极大地刺激了人们的情绪，为半年之后通过的《独立宣言》铺平了道路。美国女作家哈丽特·伊丽莎白·比彻·斯托（通常称为斯托夫人）的小说《汤姆叔叔的小屋》，先是于1851年在哥伦比亚特区一家反奴隶制的报纸《民族时代》上连载发表，第二年出版，出版后第一天销售量即创下前所未有的3000册的纪录，第一年售出30万册，至1860年，至少被译成23种文字，被公认为美国"南北战争"的起因之一。据说，在1862年"南北战争"高潮之时，美国第16任总统亚伯拉罕·林肯会见她时，曾这么对她说："那么您就是写了那本书引发这场伟大战争的那个小女人了！"（"So you're the little woman who wrote the book that started this Great War！"）

别以为这类传奇式的故事离今天太远了，事实是就在不到半个世纪之前，一位美国女作家的一本书，也起到了类似的作用。

春天是鲜花盛开、百鸟齐鸣的季节，春天里不应是寂静无声，尤其是在春天的田野。可是并不是人人都会注意到，从某一个时候起，突然地，在春天里就不再听到燕子的呢喃、黄莺的啁啾，田野里变得寂静无声了。美国的蕾切尔·卡森却不一样，她有这种特殊的敏感性。

出生于宾夕法尼亚斯普林代尔的蕾切尔·卡森从小就对大自然、对野生动物有浓厚的兴趣。她大部分时间都是一个人在树林和小溪边度过的，观赏飞鸟、昆虫和花朵。她总是想将来做一个作家，并在11岁那年就发表了一篇短故事。她声称，是她母亲将她引进了自然界，才使她对它们富有激情。卡森最早是按做一位作家的初衷进了当地的宾夕法尼亚女子学院的，但不久便改变主意，把主要学习的内容——英语改为学习生物学。接着，在1932年获得约翰斯·霍普金斯大学的文科硕士学位，并一边教书，一边在马萨诸塞州的伍兹霍尔海洋生物实验室读研究生，最后于1936年进了美国渔业局，担任"水下罗曼斯"这个专题广播的撰稿作家；美国渔业局自1940年起改名为"美国鱼类及野生动物管理局"后，她仍留在这里直至1952年。

描绘和表现大自然的强度和活力、能动性和适应性是卡森的最大乐趣。从20世纪40年代开始，她根据自己对当时还不为多数人所了解的海底生活的观察开始写作，并取得相当的成绩。以她1937年发表在《大西洋月刊》上的一篇随笔为基础而写的《在海风的吹拂下》（又译《海风的下面》）于1941年出版后，因其一贯的科学准确性、深刻性与优美的抒情散文风格的奇妙结合而颇获好评，登上了《纽约时报》的畅销书排行榜。1943年、1944年又陆续出版了《来自海里的食物：新英格兰的鱼类和水生有壳动物》和《来自海里的食物：南大西洋的鱼类和水生有壳动物》。1951年的《围绕我们的海洋》（又译《我们周围的海洋》）为她带来了很大的荣誉：不但连续数十周登上《纽约时报》畅销书排行榜，还获得了"国家图书奖"，被翻译成30种文字。

卡森1952年离开美国鱼类及野生动物管理局是为了能够集中精力，把时间全都用到她所喜爱的写作上去。当然她获得的回报也是十分优厚的，她不仅写出了《海角》（又译《海洋的边缘》）和她去世之后于1965年出版的《奇妙的感觉》，还写出了后来被称为为"生态运动"发出起跑信号的《寂静的春天》。

1958年1月，卡森接到她的一位朋友——原《波士顿邮报》的作家奥尔加·欧文斯·哈金斯寄自马萨诸塞州的一封信。哈金斯在信中写到，1957年夏，州政府租用的一架飞机，为消灭蚊子喷洒DDT归来，飞过她和她丈夫在达克斯伯里的两英亩私人禽鸟保护区上空。第二天，她的许多鸟儿都死了。她说，她为此感到十分震惊。于是，哈金斯女士给《波士顿先驱报》写了一封长信，又给卡森写了这个便条，附上这信的复印件，请这位已经成名的作家朋友在首都华盛顿找找看什么人能帮她的忙，不要再发生像这类喷洒的事了。

DDT是一种合成的有机杀虫剂，作为多种昆虫的接触性毒剂，有很高的毒效，尤其适用于扑灭传播疟疾的蚊子。第二次世界大战期间，仅仅在美国军队当中，疟疾病人就多达100万，特效药金鸡纳供不应求，极大地影响了战争的进展。后来，有赖于DDT消灭了蚊子，才使疟疾的流行逐步得到有效的控制。DDT及其毒性的发现者——瑞士化学家保罗·赫尔曼·穆勒因而获得了1948年诺贝尔生理学或医学奖。但是应用DDT这类杀虫剂，就像是与魔鬼做交易：它杀灭了蚊子和其他的害虫，也许还会使作物提高了收益，但同时也杀灭了益虫。更可怕的是，在接受过DDT喷洒后，许多种昆虫能迅速产生抗药性，繁殖出抗DDT的种群；由于DDT会积累于昆虫的体内，这些昆虫成为其他动物的食物后，那些动物，尤其是鱼类、鸟类，则会因中毒而深受其害。所以喷洒DDT只是获得近期的利益，却牺牲了长远的利益。

在鱼类及野生动物管理局工作时，卡森就了解到有关DDT对环境产生长期危害的研究情况。她的两位同事于40年代中期就写过有关DDT的危害的文章。她自己在1945年也给《读者文摘》寄过一篇关于DDT的危险性的文章，在文中提出是否可以在该刊上谈谈这方面的故事，但是遭到了拒绝。现在，哈金斯提到大幅度喷洒杀虫剂的事使她的心灵受到极大的震撼，只是对哈金斯的要求，她觉得自己无力办到。于是，她决定自己来做，也就是她自己后来说的，哈金斯的信"迫使我把注意力转到我多年所一直关注的这个问题上来"，她决定要把这个问题写出来，让很多人都知道。

本来，卡森只是计划用一年的时间来写本小册子。后来，随着资料阅读的增多，她感到问题比她想象的要复杂得多，并非一本小册子就能说得清楚，让人信服。这样，从1957年开始"意识到必须写一本书"，尽可能搜集一切资料，阅读了数千篇研究报告和文章，到1962年完成《寂静的春天》，由霍顿·米夫林出版公司出版，卡森共花去五六年时间。而在这五六年的时间里，卡森的个人生活正经受着极大的痛苦。她收养的外甥——5岁的罗杰因为得不到她的照顾，在1957年差点死了；此后，随着她母亲得病和去世，她又面对一位十分亲密的朋友的死亡。也正是在这个时候，她自己又被诊断患了乳腺癌，进行乳房彻底切除的手术和放射治疗。她还因负担过重，身体十分虚弱、难以支撑，被阻止继续从事自己的工作。但是卡森以极大的毅力实现了她的目标。

《寂静的春天》从一个一年大部分时间里都使旅行者感到目悦神怡的虚设城镇突然被奇怪的寂静所笼罩开始，通过充分的科学论证，表明这种由杀虫剂所引发的情况实际上就正在美国各地发生，破坏了从浮游生物到鱼类、鸟类直至人类的生物链，使人患上慢性白细胞增多症和各种癌症。所以像DDT这种"给所有生物带来伤害"的杀虫剂，甚至不应该叫作杀虫剂，而应称为"杀生剂"；作者认为，所谓的"控制自然"，乃是一个愚蠢的提法，那是生物学和哲学尚处于幼稚阶段的产物。她呼吁，可以通过引进昆虫的天敌等来解决问题，需要有多种多样的变通办法来代替化学物质对昆虫的控制。通俗浅显的专业表述，抒情散文的笔调，文学作品的引用，使本书读来趣味盎然。本书连续31周登上《纽约时报》的畅销书排行榜。

自然，《寂静的春天》的结论是严峻的，它就像旷野中的一声呐喊，在全国引起极大的震荡。作品先期在《纽约客》杂志上连载发表时，就引发了50多家报纸的社论和20多个专栏的文章的响应。成书于1962年9月出版后，先期销量达4000册，到12月已经售出10万册，且仍在继续付印。但是，因为书中的观点是人们前所未闻的，像查尔斯·达尔文提出猴子是人类的祖先一样，让很多人感到恼火，更因侵犯了某些产业集团的切身利益，使作者受到了攻击，卡森就像当年的达尔文，其处境甚至要比当年的达尔文更糟糕。

1962年6月号的《纽约客》上刚一出现卡森的连载文章，在人们中间所引起的就不仅仅是震惊，而是恐慌，特别是来自化学工业界的愤怒号叫，随着其作品的出版和发行，这攻击的火力更为猛烈，尤以农场主、某些科学家和杀虫剂产业的支持者为最。伊利诺伊州农业实验站的昆虫学家乔治·C.德克尔在最有影响的《时代》周刊上发表文章说："如果我们像某些人所轻率地鼓吹的那样，在北美采取让自然任其发展的方针，那么，可能这些想要成为专家的人就会发现，两亿过剩的人的生存问题该如何解决，更麻烦的是美国当前的谷物、棉花、小麦等剩余物资该如何处理。"总部设在新泽西州，从事除草剂、杀虫剂生产的美国氨基氰公司主管领导叱责说："如果人人都忠实地听从卡森小姐的教导，我们就会返回到中世纪，昆虫、疾病和害鸟害兽也会再次在地球上永存下来。"工业巨头孟山都化学公司模仿卡森的《寂静的春天》，出版了一本小册子《荒凉的年代》，印刷了5000册。该书叙述了化学杀虫剂如何使美国和全世界大大地减少了疟疾、黄热病、睡眠病和伤寒等病症，并详细描绘由于杀虫剂被禁止使用，各类昆虫大肆猖獗，人们疾病频发，给人类带来很大的麻烦，在社会上造成了极大的混乱，甚至导致千千万万的人挨饿致死。另有一仿作《僻静的夏天》，描写一个男孩子和他祖父吃橡树果子，因为没有杀虫剂，使他们只能像在远古蛮荒时代一样过"自然人的生活"。埃德温·戴蒙德在《星期六晚邮报》上抱怨说："因为有一本所谓《寂静的春天》这样感情冲动、骇人听闻的书，弄得美国人都错误地相信他们的地球已经被毒化。"他还谴责卡森"担忧死了一只只猫，却不关心世界上每天有一万人死于饥饿和营养不良"。有些批评，包括几种著名的报刊，甚至不顾起码的道德要求，对卡森进行人身攻击。《生活》杂志引用卡森曾经说过的话，她自己喜爱猫是因为"它们本性之真"，便批评她怎能既爱鸟又爱鸟的天敌猫；还因她曾说"我感兴趣的只是人做过什么事，而不是男人做过什么，女人做过什么"，就挖苦她"没有结婚，却不是女权主义者"；更有人因此而诬蔑她是"恋鸟者""恋猫者""恋鱼者"，甚至说她是"大自然的修女""大自然的女祭司""歇斯底里的没有成婚的老处女"。

对事实的尊重和对人类未来的信心，使卡森面对如此强大的批评、攻击和诬陷时没有退缩，而是以异常坚强的毅力和无可辩驳的事实——她的《寂静的春天》仅文献来源就多达54页——写出了这样一部人类环境意识的启蒙著作。美国前副总统、环保主义者阿尔·戈尔这样评价此书：

《寂静的春天》播下了新行动主义的种子，并且已经深深植根于广大人民群众中。1964年春天，蕾切尔·卡森逝世后，一切都很清楚了，她的声音永远不会寂静。她惊醒的不但是我们国家，甚至是整个世界。《寂静的春天》的出版应该恰当地被看成现代环保运动的肇始。

　　何等高的评价！戈尔甚至公开承认，卡森像榜样一样"激励"了他，促使他"意识到环保的重要性并且投身到环保运动中去"。此书不仅对戈尔或者其他某个什么人而言意义重大，它掀起的确实是一场运动，这场运动不限于美国，而是遍及全球。尽管有来自利益集团方面的攻击，但毕竟《寂静的春天》中提出的警告，唤醒了广大民众，最后导致了政府的介入。当时在任的美国总统约翰·肯尼迪读过此书之后，责成总统科学顾问委员会对书中提到的化学药剂进行试验，来验证卡森的结论。委员会后来发表在《科学》杂志上的报告"完全证实了卡森《寂静的春天》中的论题正确"。同时，报告批评了联邦政府颁布的直接针对舞毒蛾、火蚁、日本丽金龟和白纹甲虫等昆虫的灭绝纲领。报告还要求联邦各机构之间协调，订出一个长远计划，立即减少DDT的施用，直至最后取消施用。此外，报告也揭露了美国法律的漏洞：虽然各机构都能证明杀虫剂的毒性，但生产者如持有异议，农业部就不得不允许其做鉴定证明，时间可长达5年。另外，报告还要求把对杀虫剂毒性的研究扩大到对常用药物中潜在毒性的慢性作用和特殊控制的研究上……

　　于是，DDT先是受到政府的密切监督。到1962年年底，各州的立法机关向政府提出了40多件有关限制使用杀虫剂的提案；1962年后，联邦和各州都针对杀虫剂的毒性方面的问题，通过了数十、数百条法律、法规，那种可拖延5年的所谓"异议注册"于1964年被停止实施，DDT最后也于1972年被禁止使用。随之，公众的辩论也从杀虫剂是否有危险性，迅速地转向到哪一种杀虫剂有危险性，究竟有多少种杀虫剂有危险性，甚至从阻止无节制使用杀虫剂转向阻止化学工业上。更不用说，报刊的舆论已经改变成另一种声音了，如威廉·道格拉斯法官称《寂静的春天》的出现是20世纪人类最重要的历史事件。

　　很快，卡森的思想已经不限于美国，《寂静的春天》还深刻地影响到全世界。至1963年，在英国上议院中就多次提到她的名字和她写的这本书，最终导致艾氏剂、狄氏剂和七氯等杀虫剂被限制使用；此书还被译成法文、德文、意大利文、丹麦文、瑞典文、挪威文、芬兰文、荷兰文、西班牙文、日本文、冰岛文、葡萄牙文等多种文字，激励着所有这些国家的环保立法。同年，卡森在保护环境方面的成绩得到了承认，被授予以美国著名鸟类学家约翰·詹姆斯·奥杜邦的名字命名的"奥杜邦奖章"，她是第一位获此殊荣的美国女性。

　　在《寂静的春天》作为环保运动的里程碑而被公认是20世纪最具影响力的书籍之一的同时，卡森于1990年被曾经挖苦过她的《生活》杂志选为20世纪100名最重要的美国人之一。可惜除了作品产生的效果，别的她已是什么都看不到了。但是就在弥留之际，她仍不乏幽默感，当问她要吃什么时，回答是："跟其他的人一样——碳氢化合物。"不过即使是在去世之后，赋予她的名声和荣誉仍在继续。1970年，以她的名字命名的"蕾切尔·卡森全国野生动物保护地"在缅因州建立。1980年，美国第39任总统杰米·卡特授予她"总统自由奖"，由她收养的外甥罗杰·克里斯蒂代领，奖章上的题字是："……她创造出了一股永不退落的环境意识的潮流。"1981年，美国邮政部在她的出生地宾夕法尼亚斯普林代尔发行了一套"卡森纪念邮票"。亚伯拉罕·里比科夫说得好——当卡森1963年在国会做证时，当时参议院曾准确回应一个世纪前的话说："卡森小姐，您就是引发这一切的那个小女人了。"

阅读札记

　　我们每天都在行走，与这个世界面对面。当你走在放学的路上，看到一朵小花散发着香气，一只蝴蝶扑打着翅膀，又或者是一条小狗晃动着尾巴，你会不会感叹这是多么可爱的生物，这个世界多么美好？

　　或者你看到一段感人肺腑的文字、一本有趣的书，听到一个意味深长的故事，不禁深深地感动了。

　　这些美妙的瞬间，就像是一个个时光的珠子，串起来就能装点我们美妙的心灵世界。它们给我们带来了温暖、感动、慰藉、思索与启发。它们值得记录，也值得分享。请在这里摘录下你认为描写生动、富有哲理或让你特别感动的词语、句子或者段落。

我的阅读日记

　　也许此刻你还沉浸在书中奇妙的世界，也许此刻你已被深深地打动。无论此刻内心汹涌澎湃，还是感觉美妙惬意，我们都借助阅读窥见了一个新的世界，实现了心灵的成长。

　　成长是有痕迹的，它可能在一件小事里，一个小进步里，也可能在一种对我们的世界以及自我的认知里……也正是这一处处痕迹，一串串脚印，铸成了我们成长的道路。这也是阅读带给我们的意义。关于这些，你肯定有很多话想说，那就记录下来吧！